HUANGJIU MIJIU SHENGCHAN

黄酒米酒生产

曾洁　高海燕　于小磊　主编

化学工业出版社

·北京·

本书主要介绍了黄酒和米酒的原辅料、生产工艺、生产设备、质量控制及检验、感官评价，以及各种黄酒、米酒的生产配方和操作要点等内容。

本书可作为黄酒、米酒生产企业管理人员、技术研发人员和生产人员的指导用书，也可作为大中专院校食品科学、生物工程、农产品储藏与加工、食品质量与安全等相关专业的教学参考用书。

图书在版编目（CIP）数据

黄酒米酒生产/曾洁，高海燕，于小磊主编．—北京：化学工业出版社，2019.9（2025.5 重印）

ISBN 978-7-122-34640-7

Ⅰ.①黄… Ⅱ.①曾…②高…③于… Ⅲ.①黄酒-酿酒 Ⅳ.①TS262.4

中国版本图书馆 CIP 数据核字（2019）第 107829 号

责任编辑：彭爱铭　　装帧设计：韩　飞

责任校对：王　静

出版发行：化学工业出版社（北京市东城区青年湖南街 13 号　邮政编码 100011）

印　　装：北京科印技术咨询服务有限公司数码印刷分部

850mm×1168mm　1/32　印张 6　字数 158 千字

2025 年 5 月北京第 1 版第 8 次印刷

购书咨询：010-64518888　　售后服务：010-64518899

网　　址：http://www.cip.com.cn

凡购买本书，如有缺损质量问题，本社销售中心负责调换。

定　　价：29.80 元

前言

黄酒是以大米、黍米为主要原料，经过蒸煮、冷却、接种、发酵以及压榨等工序而酿成的酒，是我国也是全世界最古老的酒精饮料之一。米酒主要由糯米酿制而成，包括甜酒、酒酿等，发酵时间比黄酒短，酒精含量比黄酒低。

本书系统地介绍了黄酒、米酒生产最新实用技术，并把黄酒、米酒生产工艺和基础知识有机地融合在一起。在讲述黄酒、米酒酿造基础理论的基础上，详细阐述了各种黄酒、米酒的生产工艺、生产设备、生产质量控制、感官评价等内容。在编写过程中结合了科研实践与经验，将传统工艺与现代酿造技术相结合，内容全面具体，条理清楚，通俗易懂，是一本可操作性很强的黄酒、米酒生产实用技术书籍。本书可供从事黄酒、米酒开发的科研技术人员、企业管理人员和生产人员学习参考使用，也可作为大中专院校食品科学、生物工程、农产品储藏与加工、食品质量与安全等相关专业的实践教学参考用书。

本书由河南科技学院曾洁、高海燕和锦州医科大学于小磊主编。其中曾洁主要编写第 1 章、第 7 章，并负责全书内容设计工作；高海燕负责第 2 章和第 3 章的编写工作，于小磊负责第 4 章～第 6 章的编写工作，同时河南科技学院食品学院娄文娟以及孟可心、姜继凯、曹蒙参与了第 1 章～第 4 章的部分编写工作。

在编写过程中吸纳了相关书籍之所长，并参考了一些资料文献，在此对原作者致以最真挚的谢意。由于作者水平有限，不当之处在所难免，希望读者批评指正。

编者

2019 年 4 月

目　录

第一章
黄酒、米酒概述

第一节　黄酒、米酒概述与分类

一、黄酒概述

黄酒是用谷物作原料，用麦曲、米曲或小曲做糖化发酵剂制成的酿造酒，酒精含量一般为14%～20%，属于低度酿造酒。在历史上，黄酒的生产原料在北方为粟（在古代，是秫、粱、稷、黍的总称，现在也称为谷子，去除壳后的叫小米）。在南方，普遍用稻米（尤其是糯米为最佳原料）为原料酿造黄酒。元朝时烧酒开始在北方得到普及，北方的黄酒生产逐渐萎缩；在南方，饮烧酒者不如北方普遍，黄酒生产得以保留。清朝时期，南方绍兴一带的黄酒称雄国内外。目前黄酒生产主要集中于浙江、江苏、上海、福建、江西和广东、安徽等地，山东、陕西等地也有少量生产。

黄酒，顾名思义是黄颜色的酒。所以有的人将黄酒这一名称翻译成“Yellow Wine”。其实这并不恰当。黄酒的颜色并不总是黄色的，在古代，酒的过滤技术并不成熟之时，酒是呈混浊状态的，当时称为“白酒”或“浊酒”。黄酒的颜色就是在现在也有黑色的、红色的，所以不能光从字面上来理解。黄酒的实质应是谷物酿成的，因可以用“米”代表谷物粮食，故称为“米酒”也是较为恰当的。现在通行用“Rice Wine”表示黄酒。但黄酒与一般传统所讲的米酒还是有所不同的。

在当代黄酒是谷物酿造酒的统称，以粮食为原料的酿造酒（不包括蒸馏的烧酒），都可归于黄酒类。黄酒虽作为谷物酿造酒的统称，但民间有些地区对本地用谷物酿造的酒仍保留了一些传统的称谓，如江西的水酒、陕西的稠酒、西藏的青稞酒，如要说它们是黄酒，当地人不一定接受。

“黄酒”，在明代可能是专门指酿造时间较长、颜色较深的米酒，与“白酒”相区别，明代的“白酒”并不是现在的蒸馏烧酒，如明代有“三白酒”，是用白米、白曲和白水酿造而成的、酿造时间较短的酒，酒色混浊，呈白色。酒的黄色（或棕黄色等深色）的形成，主要是在煮酒或储藏过程中，酒中的糖与氨基酸形成美拉德反应，产生色素。也有的是加入焦糖制成的色素（称“糖色”）加深其颜色。在明代戴羲所编辑的《养余月令》卷十一中则有“凡黄酒白酒，少入烧酒，则经宿不酸。”的记载。从这一提法可明显看出黄酒、白酒和烧酒之间的区别，黄酒是指酿造时间较长的老酒，白酒则是指酿造时间较短的米酒（一般用白曲，即米曲作糖化发酵剂）。在明代，黄酒这一名称的专一性还不是很严格，虽然不能包含所有的谷物酿造酒，但起码南方各地酿酒规模较大的，在酿造过程中经过加色处理的酒都可以包括进去。到了清代，各地酿造酒的生产虽然保存，但绍兴的老酒、加饭酒风靡全国，这些行销全国的酒，质量高，颜色一般是较深的，可能与“黄酒”这一名称的最终确立有一定的关系。因为清朝皇帝对绍兴酒有特殊的爱好，清代时已有所谓“禁烧酒而不禁黄酒”的说法。到了民国时期，黄酒作为谷物酿造酒的统称已基本确定下来。黄酒归属于土酒类（国产酒称为土酒，以示与舶来品的洋酒相对应）。

黄酒有着悠久的历史，它起源于数千年前。最古老的黄酒称作醴，它是使用天然曲蘖（即酒曲）酿制而成的。天然曲蘖起源于龙山文化时期。当时人们认识到野生谷物可以充饥，就收集储藏起来以备寒冬食用。但是，那时储藏谷物的方法很简单，遇上潮雨天气，谷物发霉发芽的现象很普遍。因此，这种天然的曲蘖也就很容易出现，曲蘖遇水发酵，就成了酒。这也就是最原始的黄酒。

黄酒的制法及风味与世界上其他酿造酒有明显不同，其特点可归纳如下。

① 黄酒是以大米或黍、小麦、玉米等为主要原料，经蒸煮，糖化、发酵以及压榨而酿成的酒。

② 酿造黄酒时配用的不同种类的麦曲、小曲和米曲给黄酒带来鲜味、苦味及曲香味。它是由多菌种混合培养的霉菌、酵母菌和细菌等共同作用酿成的，形成了丰富和复杂的黄酒香味成分。

③ 绍兴酒和仿绍兴酒在酿造过程中，淀粉糖化和酒精发酵同时进行，发酵醪的浓度较高，经直接酿造后，酒精含量可达15%～20%（体积分数）。

④ 甜黄酒在酿造过程中，多采用先培菌糖化后发酵的生产工艺，这样可积累较高浓度的糖分，再加入糟烧或清香型的小曲白酒以提高酒精含量。

⑤ 为了防止发酵醪在高温下酸败，并保持其特有的色、香、味，酿造黄酒须在低温条件下进行长时间的发酵。

⑥ 将生酒灭菌后，用坛装或瓶装并密封，再经适当时期的储藏，即变为香气芬芳的醇厚老酒。

二、黄酒分类

黄酒品种繁多，命名分类缺乏统一标准，有以酿酒原料命名的，也有以产地或生产方法命名的；也有以酒的颜色或酒的风格特点命名的。为了便于管理、评比，目前常以生产方法和成品酒的含糖量高低进行粗略的分类。

1. 按生产方法分类

根据生产方法不同，可分为淋饭酒、摊饭酒、喂饭酒。

（1）淋饭酒　米饭蒸熟后，用冷水淋浇，急速冷却，尔后拌入酒药搭窝，进行糖化发酵。用此法生产的酒称为淋饭酒。在传统的绍兴黄酒生产中，常用这种方法来制备淋饭酒母，大多数甜型黄酒也常用此法生产。

采用淋饭法冷却，速度快，淋后饭粒表面光滑，宜于拌药搭窝及好氧性微生物在饭粒表面生长繁殖，但米饭的有机成分流失较摊饭法多。

（2）摊饭酒　将蒸熟的热饭摊散在晾场上，用空气进行冷却，尔后加曲、酒母等进行糖化发酵。此法制成的酒称为摊饭酒。绍兴元红酒、加饭酒是摊饭酒的典型代表，其他地区的仿绍酒、红曲酒也使用摊饭法生产。摊饭酒口味醇厚，风味好，深受饮用者的青睐。

（3）喂饭酒　将酿酒原料分成几批，第一批先做成酒母，然后再分批添加新原料，使发酵继续进行。用此种方法酿成的酒称为喂饭酒。黄酒中采用喂饭法生产的较多，嘉兴黄酒就是一例，日本清酒也是用喂饭法生产的。

由于分批喂饭，使酵母在发酵过程中能不断获得新鲜营养，保持持续旺盛的发酵状态，也有利于发酵温度的控制，增加酒的浓度，减少成品酒的苦味，提高出酒率。

2. 按含糖量分类

为了克服黄酒品种多，评比难等问题，可对黄酒依其含糖量高低进行粗略分类，便于按类评比。

（1）干型黄酒　糖分含量以葡萄糖计，小于 1.0g/100mL 为干型黄酒。

（2）半干型黄酒　糖分含量以葡萄糖计，在 1.0～3.0g/100mL 之间为半干型黄酒。

（3）半甜型黄酒　糖分含量以葡萄糖计，在 3.0～10.0g/100mL 之间为半甜型黄酒。

（4）甜型黄酒　糖分含量以葡萄糖计，在 10.0～20.0g/100mL 之间为甜型黄酒。

（5）浓甜型黄酒　糖分含量以葡萄糖计，大于 20.0g/100mL 为浓甜型黄酒。

3. 按原料分类

（1）稻米黄酒　包括糯米酒、粳米酒、籼米酒、黑米酒等。

（2）非稻米黄酒　包括黍米酒、玉米酒、荞麦酒、青稞酒等。

4. 按产品风格分类

（1）传统型黄酒　此类黄酒又称为老工艺黄酒。它是用传统的酿造方法生产的，其主要特点是以酒药、麦曲或米曲、红曲及淋饭酒母为糖化发酵剂，进行自然的、多菌种的混合发酵生产而成，发酵周期较长。以稻米、黍米、玉米、小米、小麦等谷物为原料，经蒸煮、加曲、糖化、发酵、压榨、过滤、煎酒、储存、勾兑而成的酿造酒。

（2）清爽型黄酒　以稻米、黍米、玉米、小米、小麦等谷物为原料，加入酒曲（或部分酶制剂和酵母）为糖化发酵剂，经蒸煮、糖化、发酵、压榨、过滤、煎酒、储存、勾兑而成的颜色淡、口味清爽的黄酒。

（3）特种黄酒　由于原辅料和（或）工艺有所改变，具有特殊风味且不改变黄酒风格的酒，如状元红酒（添加枸杞子等）、帝聚堂酒（添加低聚糖）。

5. 按糖化发酵剂分类

可分为麦曲黄酒、米曲黄酒（包括红曲、乌衣红曲、黄衣红曲等）、小曲黄酒等。

三、黄酒与米酒异同

米酒，又叫酒酿、甜酒等，主要用糯米酿制，是中国传统的特产酒。糯米又叫江米，所以也叫江米酒。其酿制工艺简单，口味香甜醇美，含酒精量极低，因此深受人们的喜爱。我国用优质糯米酿酒，已有千年以上的悠久历史。米酒已成为农家日常饮用的饮料。现代米酒多采用工厂化生产。

米酒与黄酒有很多近似之处，因此有些地方也把黄酒称为“米酒”。它们的区别是：米酒主要用糯米作为原料，使用的是甜酒发酵曲，制作工序简单，含酒精量较少，味道偏甜，适宜人群更广。制作方法是将米饭（干饭）凉透后拌曲，保温发酵 24h 即成。一般来说，用糯米做出来的甜米酒质量最好，食用也最普遍。关于两者的区别，可归纳为以下几点。

1. 原料不同

黄酒和米酒肯定是不一样的，因为黄酒和米酒采用的原材料也不同，黄酒采用的原材料有小麦、稻米等，但是米酒采用原材料一般是糯米（江米），米酒只有采用糯米酿造味道才会更好。

2. 工艺不同

黄酒和米酒的酿造工艺是不同的，传统酿造黄酒的工艺流程为浸米→蒸饭→晾饭→落缸发酵→开耙→入坛发酵→煎酒→包装。

米酒的酿制工艺比较简单，传统上是先把糯米清洗，并浸泡4～5h，然后把糯米蒸熟。蒸熟后把糯米取出来，使之冷却。然后在糯米上撒上酒曲，边撒边拌匀，并把米稍为压平。之后在糯米上盖上布，放在保温地方，数天后即完成程序。

3. 酒精含量不同

米酒与黄酒相近，乙醇含量低。黄酒的度数稍微有一点高，米酒的度数比黄酒低一点，米酒有一股甜味，黄酒是没有甜味的，这两种酒是不一样的。

四、黄酒的鉴别

黄酒品质的高低可以从色、香、味以及感官等方面来进行判断。

1. 色

品质好的黄酒主要呈琥珀色或橙色，透明澄澈，无浑浊物。

2. 香

要想鉴别出酿造的黄酒和用酒精、香精、色素勾兑的黄酒，首先就是要去闻它的香味。酿造的黄酒有比较明显、浓郁的原料香味，这种香味在北方黄酒中闻到的是黍米焦香，在南方出产的黄酒中则是稻米的香味，而用酒精、香精、色素勾兑的黄酒，不仅没有原料的香味，而且还有一种刺鼻的酒精味道。

3. 味

饮用时，品质好的黄酒具有滋润、丰满、浓厚的口感，有甜味和稠黏的感觉。而所谓酒的“老”“嫩”则是指酸味的含量多少，它对酒的滋味起着至关重要的缓冲作用。

4. 手感

更为直观的一种方法，消费者可以通过倒少量酒，感受它在手中的滑腻感来判断此种黄酒是否加水勾兑过。在手感上，酿造的黄酒与勾兑过的黄酒之间有着非常明显的不同。酒干了以后，酿造的黄酒非常黏手，而勾兑过的黄酒基本上没有这种感觉。

五、米酒的鉴别

米酒的特点如下。

① 度数低。酒精含量一般为5.5%～19%，糖度适中，白中带黄或黄中带白，酒味浓郁，醇厚可口。

② 营养价值高，比啤酒还要高5～10倍。

③ 用途普遍，用法多样，而且有特异的调味功效。

米酒酒精含量低于白酒而高于啤酒，但热量却居于各类酿造物之首；米酒中的酒精是在淀粉糖化、发酵的过程当中酿造出来的，绝非人工勾兑，所以它口感纯粹柔和，有利于人体健康的成分多。同一种米酒，低温下封存时间越长，氨基酸的含量会越高，酒香味就更浓。

第二节　黄酒的历史与发展

一、黄酒的历史

殷商时代，酒业已很发达。《史记·殷本纪》提到“纣为酒池。回船糟丘而牛饮者，三千余人为辈”。这里的酒，应该是指酒度较低的甜黄酒，也间接说明当时的酿酒作坊已具有相当的规模。

到了周朝，黄酒的酿造已有了一套完整的工艺。《礼记》上说：在酿酒的冬季，要准备好品质优良的酿酒原料黏高粱和糯稻子；要选用在适于生产酒曲的时间制出好的酒曲，两者应有尽有，数量也充足；原料的浸泡和蒸煮，都要做得洁净，防止任何腐烂和污染；酿造用水要清香甘冽，最好用泉水，不浑浊，不发臭；所用的发酵容器和工具，如陶缸、陶瓮、陶盆、陶钵等，都要选用上等质量的，坚实耐久，不渗漏，不变形；蒸煮原料时要掌握好火候，熟而不烂，不焦不苦，以及糖化发酵时，控制好温度。抓住这六个"要"字，就会酿造出好黄酒。这是曲糜酿酒工艺的总结，也就是后人所说的"古六法"。

二、黄酒的发展现状

据中国酿酒工业协会黄酒分会统计，我国现有黄酒生产企业400余家，占酒类生产企业总数的5.5%。其中黄酒年产量在万吨以上的有30家，年产量在4万吨以上的有4家，而年产量千吨以下的占80%。目前，全国黄酒生产能力约为140万吨。

黄酒的发展现状如下。

(1) 行业增长迅速　自20世纪80年代以来，我国经济一直保持高速增长，速度远超过国际平均水平。近年来，随着我国经济不断发展，人民群众的收入水平持续增加，消费能力不断加强，有效刺激了我国居民对黄酒的消费需求。同时，国家政策支持，黄酒企业积极引导消费，导致黄酒行业发展势头良好，行业整体规模稳步扩大。未来，黄酒消费将由江浙沪进一步推广到全国各地，我国黄酒行业仍有相当可观的发展空间。

(2) 渗透率较低　目前，黄酒的渗透率较低。随着黄酒口感的改良，产品结构的调整，"健康消费"理念的进一步推广和消费升级等诸多内在、外在因素的影响，黄酒消费将突破地域限制由江浙沪向全国拓展，黄酒的渗透率有望进一步提高。

(3) 具有一定的区域性消费特征　目前黄酒生产和消费具有一定的区域性，主要集中在我国的江浙沪地区。2006年江浙沪地区的黄酒产量约占全国的近90%，近年来随着黄酒消费在全国的拓展，该比例已下降至约72%。

(4) 消费人群年轻化　从消费状况来看，国内黄酒产品消费群体以中老年为主的格局依旧存在，但在很大程度上得到了改观，而且正在向年轻化发展。

三、黄酒加工业存在问题

目前，从总体上看，绍兴黄酒行业的现状不容乐观。宏观面上，啤酒、白酒、葡萄酒生产企业依靠巨额广告投入和强大的媒体攻势，通过实施广告轰炸，借助现代营销模式，争夺各个层面的消费群体。微观面上，黄酒存在产品地域性强，消费层次低等现象，以及技术创新、产品开发不给力，加上少数黄酒生产企业之间相互压价、低价倾销，从而极不利于黄酒的健康发展。

四、黄酒的发展趋势与对策

黄酒要走出徘徊不前的局面，必须在以下几方面采取相应对策。

① 加大媒体宣传力度，积极培育黄酒的消费市场。目前，消费区域过窄和消费人群单调是影响黄酒发展的两大瓶颈难题。黄酒的销售区域主要集中在江、浙、沪、闽一带，北方市场虽有拓展，但收效甚微。黄酒要开拓新的市场，就必须加强对产品的宣传和对市场的培育，并把黄酒浓郁的地方文化和悠久历史融为一体，通过多种途径、多种媒体、多种方式向消费者宣传黄酒的历史渊源、文化内涵、营养价值、饮用方法，以激起消费者的购买欲望。与此同时，通过重点策划解决黄酒的“老土”问题，要特别强调富有时代感的“文化营销”，让喝黄酒的人感到自己是站在时代前沿，是有涵养、懂生活的人。

② 加强行业内部的协作和联络，反对企业间相互压价竞争。价格不是市场开拓受阻的主因，关键在于产品形象和档次，在于品牌的知名度、美誉度、忠诚度。黄酒生产企业要树立同舟共济的思想，多进行行业协作，少进行低价倾销；多进行技术创新，少进行抄袭和模仿；多抓质量，少“捣浆糊”。

③ 加大对黄酒的基础研究和科研投入。黄酒企业与啤酒、葡

萄酒生产企业在二十一世纪六七十年代无论是工艺、技术、设备、研究等方面都相差甚小，可时至今日，黄酒这一历史最悠久的酒种已远远落后于啤酒和葡萄酒，原因何在？关键在于企业对科研工作的投入。无论是燕京、青啤，还是张裕、长城，都相当注重企业科技创新和人才培训，舍得投入。而黄酒企业科研投入很少。

④ 实施创新战略，拓展市场空间。现代消费的快节奏、多变性、随机性使各酒类生产企业面临更大的市场压力。一方面，产品更新换代速度越来越快；另一方面，消费者对产品要求越来越高。黄酒其独特的历史和文化内涵决定了其存在着一批相对稳定的消费群体，但开放社会新旧观念交替冲击和产品大流通使黄酒消费群体极易发生口味转移，尤其是在现代市场竞争中。那么，作为企业如何去适应这一变化，以挽留老客户，吸引新主顾。问题的关键在于创新。黄酒要立于不败之地，就必须进行管理创新、技术创新、营销创新、产品创新、服务创新、包装创新。其中，最重要的是营销创新和产品创新。各相关企业必须根据产品的特点制订一套独特的营销方案，做好市场的运作和培育，开拓出适宜黄酒发展的市场环境。这里要强调一点的是，黄酒的生产企业，特别是名酒生产企业，要充分打好“文化营销”这张牌。随着当今企业产品进入同质化时代和后经济时代的到来，黄酒要拓展市场，就必须运用悠久的人文历史资源，打好“文化营销”这张牌，并将酒文化、水文化、名仕文化、旅游文化有机地融为一体，以吸引消费者。此外，要特别注重产品的创新，要注重低度酒、营养保健酒、烹饪调味酒、水果黄酒等新产品的开发，并充分考虑南北方消费者口味的差别。

第二章
原辅材料与糖化发酵剂

第一节　原料

凡是大米都能酿酒，其中以糯米最好。目前除糯米外，粳米、籼米也常作为黄酒酿造的主要原料。

一、糯米

糯米分粳糯、籼糯两大类。粳糯的淀粉几乎全部是支链淀粉，籼糯含有0.2%～4.6%的直链淀粉。支链淀粉结构疏松，易于蒸煮糊化；直链淀粉结构紧密，蒸煮时需消耗的能量大，吸水多，出饭率高。

用糯米生产黄酒，除应符合米类的一般要求外，尽量选用新鲜糯米。陈糯米精白时易碎，发酵较急，米饭的溶解性差；发酵时所含的脂类物质因氧化或水解转化成异臭味的醛酮化合物；浸米浆水常会带苦而不宜使用。尤其要注意糯米中不得混有杂米，否则会导致浸米吸水、蒸煮糊化不均匀，饭粒返生老化，沉淀生酸，影响酒质，降低酒的出率。

二、粳米

粳米亩产高于糯米。粳米含有15%～23%的直链淀粉。直链淀粉含量高的米粒，蒸煮时饭粒显得蓬松干燥、色暗，冷却后变硬，熟饭伸长度大。在蒸煮时要喷淋热水，使米粒充分吸水，糊化彻底，以保证糖化发酵的正常进行。

粳米中直链淀粉含量多少与品种有关，受种子的遗传因子控制，此外，生长时的气候也有影响。

三、籼米

籼米粒形瘦长，淀粉充实度低，精白时易碎。它所含直链淀粉比例高达23%～35%。杂交晚籼米可用来酿制黄酒，早、中籼米由于在蒸煮时吸水多，淀粉容易老化，出酒率较低。老化淀粉在发酵时难以糖化，而成为产酸细菌的营养源，使黄酒酒醪升酸，风味变差。

直链淀粉的含量高低直接影响米饭蒸煮的难易程度，应尽量选用直链淀粉比例低，支链淀粉比例高的米来生产黄酒。

四、黑米

黑米，亦称墨米，是我国稻米的珍品，古时常用作宫廷食用，也称之为贡米。

黑米在化学组成方面，除了淀粉、蛋白质等含量与普通大米相接近外，特别富含人体必需的赖氨酸及钙、镁、锌、铁等微量元素。以黑米为原料酿成的酒，营养特别丰富，并具有增强人体新陈代谢的作用。

五、黍米

北方生产黄酒用黍米做原料。黍米俗称大黄米，色泽光亮，颗粒饱满，米粒呈金黄色。黍米以颜色分为黑色、白色、黄色三种，以大粒黑脐的黄色黍米最好，被称为龙眼黍米，易蒸煮糊化，属糯性品种，适于酿酒。

六、玉米

近年来，国内有的厂家开始用玉米为原料酿造黄酒，开辟了黄酒的新原料。我国的玉米良种有金皇后、坊杂二号、马牙等。玉米的特点是脂肪含量丰富，主要集中在胚芽，含量达胚芽干物质的30%～40%，酿酒时会影响糖化发酵及成品酒的风味。必须先除去胚芽。

玉米淀粉储存在胚乳内，淀粉颗粒呈不规则形状，堆积紧密、坚硬，呈玻璃质状态，直链淀粉占10%～15%，支链淀粉为85%～90%，黄色玉米的淀粉含量比白色的高。玉米淀粉糊化温度高，蒸煮糊化较难，生产时要注意粉碎，选择适当的浸泡时间和温度，调整蒸煮压力和时间，防止因蒸煮糊化不透而老化回生，或水分过高，饭粒过烂，不利发酵，引起酸度高、酒度低的异常情况。玉米必须去皮、脱胚，做成玉米糁，才能用于酿酒。玉米所含的蛋白质大多为醇溶性蛋白，这有利于酒的稳定。

第二节　辅料

一、水

酿造黄酒，水极为重要。水在黄酒成品中占80%以上，水质好坏直接影响酒的风味和质量；在酿酒过程中，水是物料和酶的溶剂，生化酶促反应都须在水中进行；水中的微量元素是微生物生长繁殖必需的养分和促进剂，并对调节酒的pH值及维持胶体稳定性起着重要作用。

黄酒生产过程中，一般吨酒耗水量为10～20t，新工艺生产最高耗水达45t左右，其中包括酿造水、冷却水、洗涤水、锅炉水等。

酿造用水可选择洁净的泉水、湖水和远离城镇的清洁河水或井水，自来水经除氯去铁后也可使用。

黄酒生产中，用水目的不同对水质要求也不一样。酿造用水直接参与糖化、发酵等酶促反应，并成为黄酒成品的重要组成部分，故它首先要符合饮用水的标准，其次要从黄酒生产的特殊要求出发，达到以下条件。

(1) 感官　无色、无味、无臭，清亮透明，无异常。

(2) pH 值　中性附近，理想值为 6.8～7.2，极限值为 6.5～7.8。用超过极限值的水直接酿造黄酒，则口味不佳。

(3) 硬度　2°～7°为宜。酿造用水保持适量的 Ca^{2+}、Mg^{2+}，能提高酶的稳定性，加快生化反应速度，促进蛋白质变性沉淀。但含量过高有损酒的风味。水的硬度高，使原辅材料中的有害物质溶出量增多，黄酒出现苦涩感觉；水的硬度太高，会导致水的 pH 值偏向碱性而改变微生物发酵的代谢途径。

(4) 铁含量　<0.5mg/L。含铁太高会影响黄酒的色、香、味和胶体稳定性。铁含量>1mg/L 时，酒会有不愉快的铁腥味，酒色变暗，口味粗糙。亚铁离子氧化后，还会形成红褐色的沉淀，并促使酒中的蛋白质形成氧化混浊。含铁过高不利于酵母的发酵。因此，应重视铁质容器的涂料保护和采用不锈钢材料，尽量避免物料直接与铁接触。

(5) 锰含量　<0.1mg/L。水中微量的锰有利于酵母的生长繁殖，但过量却使酒味粗糙带涩，并影响酒体的稳定。

(6) 重金属含量　重金属对微生物和人体有毒，抑制酶反应，会引起黄酒混浊，故黄酒酿造水中必须避免重金属的存在。

(7) 有机物含量　有机物含量表示水被污染的轻重。高锰酸钾耗用量应<5mg/L。

(8) NH_3、NO_3^-、NO_2^- 含量　氨态氮的存在，表示该水不久前受过严重污染。有机物被水中微生物分解而形成氨态氮。NO_3^- 是致癌物质，能引起酵母功能损害。酿造用水中要求检不出 NH_3、NO_2^-，而 NO_3^- 小于 0.2mg/L。

(9) 硅酸盐（以 SiO_3^{2-} 计）含量　<50mg/L。水中硅酸盐含量过多，易形成胶团，妨碍黄酒发酵和过滤，并使酒味粗糙，容易产生混浊。

(10) 微生物要求　要求不存在产酸细菌和大肠杆菌群，尤其要防止致病菌或病毒侵入，保证水质卫生安全。

二、小麦

小麦是黄酒生产的重要辅料，主要用来制备麦曲。小麦含有丰富的碳水化合物、蛋白质、适量的无机盐。小麦片疏松适度，很适宜微生物的生长繁殖，它的皮层还含有丰富的β-淀粉酶。小麦的碳水化合物中含有2%～4%的蔗糖、葡萄糖和果糖。小麦蛋白质含量比大米高，大多为麦胶蛋白和麦谷蛋白，麦胶蛋白含谷氨酸较多，它是黄酒鲜味的主要来源。黄酒麦曲所用小麦，应尽量选用当年收获的红色软质小麦，并有以下要求。

① 麦粒饱满完整，颗粒均匀，无霉烂，无虫蛀，无农药污染。

② 干燥，外皮薄，呈淡红色，两端不带褐色。

③ 品种一致，无特殊气味，不含秕粒、尘土和其他杂质，无毒麦混入。

大麦粉碎后非常疏松，制曲时，在小麦中混入10%～20%的大麦，能改善曲块的透气性，促进好氧微生物的生长繁殖，有利于提高曲的酶活力。

第三节 黄酒酿造的主要微生物

一、主要微生物分类

传统的黄酒酿造是以小曲（酒药）、麦曲或米曲作糖化发酵剂的，即利用它们所含的多种微生物来进行混合发酵。经分析，酒曲中主要的微生物有以下几类。

1. 曲霉

曲霉主要存在于麦曲、米曲中，在黄酒酿造中起糖化作用，其中以黄曲霉（或米曲霉）为主，还有较少的黑曲霉等微生物。

黄曲霉能产生丰富的液化型淀粉酶和蛋白质分解酶。液化型淀粉酶能分解淀粉产生糊精、麦芽糖和葡萄糖。该酶不耐酸，在黄酒发酵过程中，随着酒醪 pH 值的下降其活性较快地丧失，并随着被作用的淀粉链的变短而分解速度减慢。蛋白质分解酶对原料中的蛋白质进行水解形成多肽、低肽及氨基酸等含氮化合物，能赋予黄酒特有的风味，并提供给酵母作为营养物质。

黑曲霉主要产生糖化型淀粉酶，该酶有规则地水解淀粉生成葡萄糖，并耐酸，因而糖化持续性强，酿酒时淀粉利用率高。黑曲霉产生的葡萄糖苷转移酶，能使可发酵性的葡萄糖通过转苷作用生成不发酵性的异麦芽糖或潘糖，降低出酒率而加大酒的醇厚性。黑曲霉的孢子常会使黄酒加重苦味。

为了弥补黄曲霉（或米曲霉）的糖化力不足，在黄酒生产中可适量添加少许糖化剂或食品级的糖化酶，以减少麦曲用量，增强糖化效率。黄酒工业常用的黄曲霉菌种有 3800、苏-16 等，黑曲霉菌种有 3758、As3.4309 等。

2. 根霉

根霉是黄酒小曲（酒药）中含有的主要糖化菌。根霉糖化力强，几乎能使淀粉全部水解成葡萄糖，还能分泌乳酸、琥珀酸和延胡索酸等有机酸，降低培养基的 pH 值，抑制产酸细菌的侵袭，并使黄酒口味鲜美丰满。为了进一步改善我国的黄酒质量，提高黄酒的稳定性，可以设想以根霉为主要糖化菌，采用 Amylo 法生产黄酒，使我国黄酒产品适应国际饮用的需要。用于黄酒生产的根霉菌种主要有 Q303、3.851、3.852、3.866、3.867、3.868 等。

3. 红曲霉

红曲霉能分泌红色素而使曲呈现紫红色。红曲霉不怕湿度大，耐酸，最适 pH 值为 3.5～5.0，在 pH3.5 时，能压倒一切霉菌而旺盛地生长，使不耐酸的霉菌被抑制或死亡。红曲霉菌所耐最低 pH 值为 2.5，耐 10%的酒精，能产生淀粉酶、蛋白酶等，水解淀粉最终生成葡萄糖，并能产生柠檬酸、琥珀酸、乙醇，还分泌红色素或黄色素等。

用于酿酒的红曲霉菌种主要有 As3.555、As3.920、As3.972、As3.976、As3.986、As3.987、As3.2637。

4. 酵母

绍兴黄酒采用淋饭法制备酒母，通过酒药中酵母的扩大培养，形成酿造摊饭黄酒所需的酒母醪。这种酒母醪实际上包含着多种酵母，不但有发酵酒精成分的，还有产生黄酒特有香味物质的。

新工艺黄酒使用的是优良纯种酵母，不但有很强的酒精发酵力，也能产生传统黄酒的风味，其中 As2.1392 是酿造糯米黄酒的优良菌种，该菌能发酵葡萄糖、半乳糖、蔗糖、麦芽糖及棉子糖产生酒精并形成典型的黄酒风味。它抗杂菌污染能力强，生产性能稳定，在国内普遍使用。另外，M-82、AY 系列黄酒酵母菌种等都是常用的优良黄酒酵母。

在选育优良黄酒酵母时，除了鉴定其常规特性外，还必须考察它产生尿素的能力，因为在发酵时产生的尿素，将与乙醇作用生成致癌的氨基甲酸乙酯。

5. 黄酒酿造的主要有害微生物

黄酒发酵是霉菌、酵母、细菌的多菌种混合发酵，必须通过酿造季节的选择和工艺操作的控制来保证发酵的正常进行，防止有害菌的大量繁殖。常见的有害微生物有醋酸菌、乳酸菌和枯草芽孢杆菌。它们大多来自曲和酒母及原料、环境、设备。尤其是乳酸杆菌的生理特性能适应黄酒发酵的环境，容易导致黄酒发酵醪的酸败。

对自然发酵制成的麦曲、酒药都需经过一定时间的储藏，以达到淘汰有害微生物的作用。在新工艺纯种酒母培养时，要检测并控制培养液中的杂菌数量，保证酒母的纯粹。生产中必须严格工艺操作，注意消毒灭菌，保持生产环境的清洁卫生，才能有效地防止有害微生物的污染。

二、酒药

酒药又称小曲、酒饼、白药等，主要用于生产淋饭酒母或以淋饭法酿制甜黄酒。利用酒药保藏优良微生物菌种是我国古代劳动人民的独创方法。

酒药作为黄酒生产的糖化发酵剂，它含有的主要微生物是根霉、毛霉、酵母及少量的细菌和犁头霉等。酒药具有制作简单，储存使用方便，糖化发酵力强而用量少的优点，目前酒药的制造有传统的白药（蓼曲）或药曲及纯粹培养的根霉曲等几种。

（一）传统方法

1. 蓼曲生产

（1）配料　米粉 37.5kg，将早籼糙米磨成细粉。辣蓼草粉末 252～314g。辣蓼草粉末的制法如下：每年 7～8 月间，还没有开花前割取野生辣蓼，除去杂草、洗净，必须当日晒干，经搓软去茎，将叶磨成粗末备用。种母（陈年白药）800～1000g，水 21～23kg。

（2）工艺流程

米粉、辣蓼草粉→拌料→切块→滚角→接种→入缸保温→入匾培养→换匾→装箩→出箩→晒干→成曲

（3）工艺要点

① 接种　将米粉和辣蓼草粉混合均匀，置石臼中，用石槌捣拌，以增强它的黏塑性，再用篾托将其移进长约 90cm、宽约 60cm、高约 10cm 的木框内，用竹刀刮成厚 5cm 的粉层，盖上蒲席，用脚踏实。再去席，用木桩打紧，去框，用刀切成 2～2.5cm 的方块，然后分 3 次移到悬挂在空中的大竹匾中（直径 130cm、高 20cm）。用手来回推动使酒药更加结实，同时将方角滚成圆形，再移到悬挂在空中的浅木盆中，将木盆回转，将白药用粉筛筛入木盆中，使白药均匀地黏附在新酒药的表面。接种后，再筛去碎粒，在缸内保温培养。

② 保温培养　先在一大缸 1/2 的深处，横架 3 根竹竿，呈星形，上铺一层稻草。在稻草上铺 20cm 厚的砻糠，再在砻糠上铺一层稻草，将酒药醅平铺上，酒药醅之间留有空隙，切勿重叠或黏合在一起。排列一层酒药后，上面再撑 3 根竹竿，以支撑竹篾编织的、底面有孔的、直径约 1m 的浅盘，俗称“篾托”。并在篾托上铺二薄层洁净稻草，再放一层酒药，最后盖上篾制的缸盖，上堆加麻袋保温。白药制造气节一般在农历七八月间，气温以 28℃为宜，经 24h 以后，酒药表面已长出白色菌丝，品温上升到 34～35℃，缸边用手摸，有水蒸气凝集，并发出香气，这时就可撤去麻袋，将

缸盖掀起 6cm，以进入新鲜空气，再经 2～3h 又揭开至 10～15cm 高，又经 5h 后可将缸盖全部掀除，并将篾托取出，使酒药充分与空气接触，降低品温，菌丝也逐渐萎缩。过 1h 就可将酒药取出。

酒药由缸中取出后，便移入三面墙壁、一面用竹席围住、不通风的保温室内，保温室中排列有 5～7 层木架，每层相距约 30cm。将盛酒药的篾托搁在上面，此时品温已降到 29～30℃，比室温高 1～2℃。经 3～4h 品温上升到 38～42℃，又经 5～6h 品温回降至 35～39℃，此时需要进行换托、并托等操作。换托就是将一篾托的酒药倒进另一空的篾托上，然后将三托并为二托，其目的是使酒药品温达到均匀，以及不使品温过快降低，保持一定的品温，此后品温仍达 40℃左右，再经 10h，重新换托，此时酒药已逐渐干燥，品温与室温相近。又经 10h 便将酒药倒进竹箩内，每箩 25kg，约占箩的容量 1/2，盛箩之前在箩中心竖稻草一束，使箩中酒药水分更好地向外挥发和箩内上下品温均匀。再经 8～10h，将两箩并一箩，以后每天换箩两次，在阳光下 2～3 天后达到充分干燥，储藏备用。

2. 药曲生产

(1) 配料　米粉 100kg，细糠 30kg，中药粉 4.6kg，水 58%～60%（以米粉与药粉混合料总计量），种母约 2kg。

中药配方：川乌头 3kg，川芎 0.5kg，前胡 3kg，甘草 1kg，官桂 1.5kg，山柰 1kg，石膏 8kg，牙皂 3kg，小茴香 1.5kg，闹羊花 1kg，桂皮 1kg，山栀子 1kg，川干姜 1.5kg，化细辛 1kg，大茴香 0.75kg，黄麻 3kg，大独活 0.5kg，甘松 0.5kg，万春花 1kg，草乌 2kg，黄芪 1.5kg，威灵仙 1kg，白芷 2kg，玉桂子 0.5kg，草豆蔻 0.5kg，丁香 0.5kg，黄柏 1kg。

(2) 工艺流程

中药、籼米粉碎成末→拌料→上框压平→切块→滚角→接种→保温培养→晒药→成曲

(3) 操作要点

① 原料要求　米粉用干燥不霉变的新稻米（籼米）磨成细粉，最好需要多少磨多少，以免变质。细糠应用新鲜稻谷壳加工而成。

中药经曝晒、干燥，粉碎成细粉。拌料的水可用自来水或清洁的饮用水，经加热煮沸，按水量的 1%加入新鲜辣蓼草煮沸后去渣备用。另外，还要挑选质量好、出酒率高的优良药曲作为种母。

② 制药曲的草窝　用新鲜、干燥、清洁的稻草，除去稻皮（下部），平摊于干燥的地面上（或楼板上），厚约 4cm（天冷为6～7cm）。曲房应选择清洁、干燥，既能保温又可通风散热的场所为宜。

③ 制作　先将米粉、细糠、中药粉交错分层列在篾簟上，然后两人用木铲反复翻拌均匀，分 10 批进行制作，每次约 65kg。在木桶中先倒少量沸水，加以搅拌，然后将余下沸水全部倒进去，此时用木棍迅速搅拌均匀，一般需要连续搅拌约 20min 左右，其标准是不见干粉，用手捏药曲料能结块，吸水均匀。拌好后立即开始压坯。压坯就是把拌好的料，放在一个正方形的木框内（如井形），进行压坯并用脚踏实，以防切坯时破碎。切坯大小要均匀，每块药粒成正方形，边长以 7.5cm 为宜，然后将切好的药坯放到竹筛上进行滚角，再倒进竹匾上，撒入种母粉，并旋转竹匾，使每块药坯外层布满种母粉。将药坯送到保温室，并排列在稻草窝上，要求坯与坯之间有间距，以便通气、散热，再以新鲜稻草覆盖药坯，进行保温培养。稻草的厚薄程度，天热宜薄，天冷宜厚，并应边排边盖，以防药坯表面风干，不利于菌类生长。

④ 保温培养管理　药坯摆好以后，应将窗户关上，堵好气孔，保温室门关好，12h 后，检查菌类生长繁殖情况。此时药坯上应有菌丝出现并带有药香，经 18～20h（天冷约 24h），菌丝繁殖旺盛。从药坯发热升温到菌丝开始倒伏并呈现白色菌膜时，称生皮阶段，经历时间为 20～24h，繁殖品温一般在 28～32℃。此时可以进行开风。开风就是将盖好的稻草除去，打开窗户或气孔，以利于排去药坯中的湿气。开风后经 1～2h，进行翻曲，即将每块药坯翻面一次，此时药坯表面菌丝薄膜已不太粘手。再经 8～10h，菌丝已从药坯表面大量地向药坯内部生长，品温一般在 32～34℃，可进行第二次翻曲，使之繁殖均匀并挥发去一部分水分。此时为繁殖旺盛时期，并应注意不使品温上升过高，直至药坯的表面呈粉白色为

止，称为干皮阶段，这时表面菌丝已生长到药坯的 2/3 部位，则应将药坯全部搬出箴簟，放在另外箴簟上打堆。天热时打堆高度 10cm 左右，天冷时约 3cm，四周用稻草围起来以保温。堆内品温维持在 33～35℃，经 8～2h 后进行翻堆。翻堆时将四周的药坯翻到中心，中心的翻到四围，底部的翻到上面。翻堆后品温上升到 35℃，便可进行第二次翻堆，并可增加积堆厚度，以保持适宜的繁殖品温。当根霉菌丝长到药坯中心时，水分已大部分挥发，药坯已转为粉白色，这说明繁殖已停止，品温也不再上升，称为过心阶段。当品温与室温相接近即可进行晒药，或烘药。一般要求成品药曲的水分在 12% 以下。晒干后的药曲即可储存于密封的容器中（或酒坛中）备用。

3. 白药

（1）白药制造工艺流程　白药制造工艺流程见图 2-1。

（2）操作要点

① 酒药一般在初秋前后、气温 30℃左右时制作，有利于发酵微生物的生长繁殖。此时早籼稻谷已经收割登场，辣蓼草的采集也已完成，制药条件已具备。

② 要选择老熟、无霉变的早籼稻谷，在白药制作前一天去壳磨成粉，细度以过 60 目筛为佳，因新鲜糙米富有蛋白质、灰分等营养，利于小曲微生物生长。陈米的籽粒表面与内部寄附着众多的细菌、放线菌、霉菌和植物病原菌等微生物，有损酒药的质量，故不宜采用。

③ 添加的辣蓼草要求在农历小暑到大暑之间采集，选用梗红、叶厚、软而无黑点、无茸毛、即将开花的辣蓼草，拣净水洗，烈日暴晒数小时，去茎留叶，当日晒干舂碎、过筛密封备用。辣蓼草含有根霉、酵母等所需的生长素，在制药时还能起到疏松的作用。

④ 选择糖化发酵力强、生产正常、温度易于掌握、生酸低、酒香味浓的优质陈酒药作为种母，接入米粉量的 1%～3%，可稳定和提高酒药质量。也可选用纯种根霉菌、酵母菌经扩大培养后再接入米粉，进一步提高酒药的糖化发酵力。

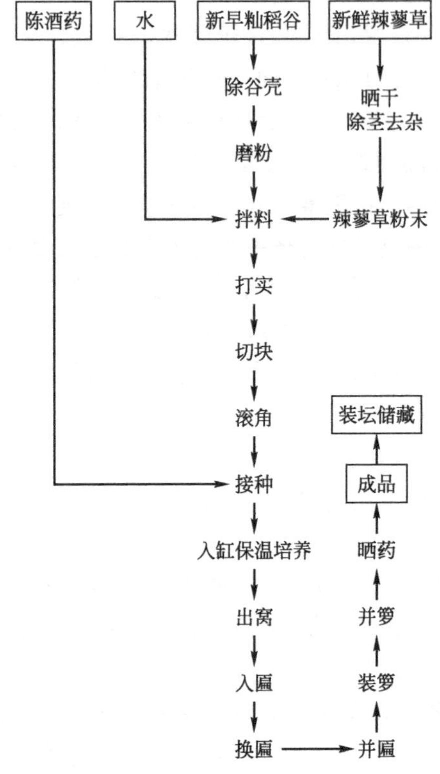

图 2-1　白药制造工艺流程

⑤ 制蓼曲的配料为糙米粉：辣蓼草：水＝20：(0.4～0.6)：(10～11)，使混合料的含水量达 45%～50%，培养温度为 32～35℃，控制最高品温 37～38℃。

⑥ 酒药成品率约为原料量的 85%。成品酒药应表面白色，口咬质地疏松，无不良气味，糖化发酵力强，米饭小型酿酒试验要求产生糖浓度高，口味香甜。

⑦ 酒药生产中添加各种中药制成的小曲称为药曲。中药的加入可能提供了酿酒微生物所需的营养，或能抑制杂菌的繁殖，使发酵正常并带来特殊的香味。但大多数中药对酿酒微生物具有不同程

度的抑制作用，所以应该避免盲目地添加中药材，以降低成本。

⑧ 酒药是多种微生物的共生载体，是形成黄酒独特风味的因素之一。为了进行多菌种混合发酵，防止产酸菌过多繁殖而造成升酸或酸败，必须选择低温季节酿酒，故传统的黄酒生产具有明显的季节性。

（二）纯种方法

由于纯种培养曲的糖化力和发酵力都比较强，相应地提高了出酒率，一般比传统酒药可提高 5%～10%，对扩大生产，提高经济效益，稳定产品质量都起到了积极作用。成品酒具有酸度低、口味清爽而一致的特点，在市场上有一定竞争力。所以，人工培养纯种根霉和酵母的方法，被越来越多的厂家所采用。纯种培养有各种不同的方法，比较多的是采用根霉和酵母分别在麸皮上培养，使用时再按适当比例混合。一般在酿制米酒时的使用量是每 50kg 原料米用根霉麸曲 75～100g（包括酵母麸曲在内）。下面介绍几种常用纯种酒药的制作工艺。

1. 帘子制曲

大多数作坊都采用帘子培养来制曲，与木盘培养相比，它能大幅度地减轻劳动强度，帘子清洗和消毒都比较容易；帘子是用竹材制成，可以节约大量木材；帘子可架成三四层，占用的面积小；帘子通气性好，有利于菌体的生长繁殖。

（1）润料　称取过筛后的麸皮置木盆中，加入 80%～90%的水，充分拌匀后进行过筛以除去团块。为了使麸皮均匀地吸收水分，堆积 30min。

（2）蒸煮　堆积后再进行蒸煮灭菌。灭菌方法可采用高压法或常压法。高压法是将麸皮装入纱布袋，置消毒釜内，以 0.098MPa 压力杀菌 30min。常压法是待蒸桶内上汽后加盖闷蒸 2h 以上。蒸煮灭菌后迅速移到经消毒的培养室内，并倒进已消毒的木框内或铝制金属框内，同时用消毒后的筛进行过筛，以除去团块，否则，团块因含水分比较多，容易滋生毛霉，俗称水毛，而影响根霉曲的质量。

(3) 接种　过筛后摊冷至30℃，便可接入种子，接种量为0.3%～0.5%，并充分拌匀。为了促使根霉孢子早萌发，最好先进行堆积，堆积时盖湿纱布保温、保湿。

(4) 培养　培养室温度应控制在28～30℃。经过4～6h，孢子就开始萌发，品温也开始上升，此时可装帘培养，装帘的厚度一般要求1.5～2cm，装帘后继续保温培养。培养室相对湿度应掌握在95%～100%，如达不到，可向室壁及地面洒水来达到所需湿度。经10～16h的培养，根霉菌丝已将麸皮连接成块，最高品温应控制在35℃，如超过此温度，可用酒精消毒后的竹橇翻面一次，以降低品温，并交换空气，亦可略开门窗进行放潮。翻曲时动作要轻快，因为此时菌丝比较娇嫩，如果动作较大容易损伤和折断菌丝，影响生长繁殖。在一般情况下，此时的相对湿度可掌握在85%～90%，并继续保温培养。再经24～28h，麸皮表面已有大量菌丝生长，从表面上看去像极一层绒毛，此时就可出曲干燥。干燥好的曲子既可用作扩大培养的种子，又可作为酒曲用于生产。在整个操作过程中，操作人员进入培养室都要穿戴消毒过的衣、帽和鞋子，操作时应用75%的酒精擦手消毒，并注意个人卫生。

(5) 干燥　一般应在米酒生产没有开始前就做好曲子，存放起来备用，所以曲子必须进行干燥。干燥方法分烘干法和晒干法。烘干法的温度控制应分两步走，前期因曲子含水分较多，根霉菌对热的抵抗力较差，不宜用高温，一般前期干燥温度应控制在37～40℃，随着水分的蒸发，根霉菌对热的抵抗力逐步增加，干燥温度可提高到40～45℃。此外，还可用晒干的办法，即将培养好的曲子，装到清洁的竹匾内，盖上纱布放到清洁的场所，利用阳光晒干，但在高温季节要避开午间的太阳，以免破坏根霉菌的活力。

(6) 储存和保管　干燥好的曲子应放在石灰缸内保存，以防吸潮变质。出曲后应做好培养室的清洁卫生工作，墙壁、地面和曲架要用自来水彻底冲洗。下次使用前一天还要用甲醛或硫黄进行灭菌。

2. 通风制曲

如果用曲量较大，帘子制曲不能满足生产的需要，可以采用通风法生产根霉曲。此法改善了制曲工人的劳动条件，降低了制曲的劳动强度，节约了劳动力，提高了劳动生产率，降低了成本；减少了培养室的面积，提高了厂房利用率；所需的设备简单，简化了操作，节约工时，便于管理。此外，通风制曲的曲箱，用水泥、钢材及少量木材制成，可以节约大量木材。

（1）拌料、蒸料　最好选用粗麸皮，因其通气性比较好，对提高曲的质量有一定好处。通风法的曲料水分蒸发量小，通风时空气潮湿，因而加水量可以少一些，一般加水 60%～70%，但亦应视季节和原料的粗细不同来决定。拌水后用扬麸机充分打匀，并堆积 1h 左右，使之充分吸收水分。堆积后即可上甑蒸煮，上甑时要疏松均匀，以免产生窝汽或穿通，影响蒸煮质量。通常都采用常压蒸煮，即上甑完毕后，等上汽后，加盖闷蒸 2h。此时应该利用蒸煮时间将拌料场地、扬麸机工具冲洗干净，并用 10%石灰水或 2%的漂白粉水进行消毒，工具浸到石灰水缸内消毒。

（2）冷却、接种　蒸煮完毕，边出甑边用扬麸机打散团块，进行冷却。当品温降到 35～37℃时开始接种，种曲用量为 0.3%～0.5%，且按季节不同来决定。为了扩大种曲的接触面，使接种均匀，避免孢子飞扬，可先将种曲拌和部分已冷却的曲料，用手搓散拌匀，均匀地撒在冷却的麸皮原料上，并再次用扬麸机打匀。品温应控制在 33～35℃。冷却后可直接装箱，也有的经堆积后装箱。堆积不仅可以提高培养箱的利用率，还可促使孢子提前发芽。但堆积需要场地，而且工作不能在同一班完成，要分两班操作，工作安排有困难，所以一般不进行堆积。

（3）装箱培养　装箱要求疏松均匀，以利于通风。动作要迅速，如时间过长会影响保温保湿。装箱完毕品温应该在 30～32℃，料层厚度一般为 25～30cm，并视气温而定。料层过厚虽可起到保温保湿作用，提高设备利用率，但不利于通风降温，会造成上下层温差太大，致使菌体繁殖不均匀；反之，料层太薄，通风过畅，又不容易保温保湿，也会影响繁殖。装箱后就进入静置培养期。另外，要做好卫生工作，对场地、扬麸机、工具等都要彻底冲洗干净，还要用石灰水或漂白粉水进行消毒，对墙壁也应消毒。

(4) 静置培养　静置培养期即为孢子萌发阶段，需 4～6h。为了给孢子迅速发芽创造条件，应注意保温、保湿，室温宜控制在 30～31℃，相对湿度控制在 90%～95%。装箱后孢子逐步萌发，菌丝网结而不密，曲料空隙间的微量空气已足够满足菌体生长繁殖的需要，而且此时品温上升还比较缓慢，因此不需要通风，进行静置培养就可以了。随着品温逐步上升，就进入了间断通风培养阶段。

(5) 间断通风培养　经过静置培养期，根霉菌发芽后逐步形成菌丝，但比较娇嫩，同时呼吸还不太旺盛，产生的热量也不太多，因此，只要采取间断通风就可以了。当品温上升到 33～34℃时即可开始通风，待品温降到 30℃，即停止通风。第一次通风时，菌丝幼嫩，应注意调节风量，否则会由于风量过大，造成振动使曲料下沉，减少曲料之间的空隙，给通风带来一定的困难，因此，风量应小些，通风时间可稍长一些。由接种计算起 12～14h，根霉菌繁殖便逐渐进入旺盛时期，料层开始结块收缩，容易发生边沿脱壳漏风而造成通风短路现象，因此，要及时进行压板。

前期根霉菌丝比较脆弱，应尽量避免过分刺激，通风时温差不宜过大，如 34℃开始通风降到 30℃就可以停风，如果降得太低，温差较大，菌丝就很难适应。同时品温降得过低容易造成短时间内升不起来，拉长了通风时间，二氧化碳不能及时排除，新鲜空气不能及时得到补充，容易造成菌体窒息，从而抑制了菌体繁殖，还将导致乳酸菌的繁殖，造成倒箱。

(6) 连续通风培养　经过间断通风培养期，根霉菌的生长繁殖进入旺盛时期，呼吸达到最高峰，品温也随之上升，再加上曲料逐渐结块坚实，散热比较困难，通风也受到一定阻力，因此，随着品温逐渐上升，就必须进行连续通风。最高品温应控制在 35～36℃，否则不利于根霉菌生长繁殖。同时酿制米酒时也容易升温。所以通风时应尽量加大风量和风压，并通入低温（25～26℃）、低湿的风，且在循环风中适当引入新鲜空气。当品温降到35℃以下时，可暂停通风，几分钟后品温又复升，再行通风，此时应尽量通进干风。后期由于麸皮中养分逐步被消耗，同时水分不断减少，所以，菌丝生长缓慢，根霉菌逐渐停止生长，开始生长孢子。培养时间一般为24～26h。培养完毕，立即将曲料翻拌打散，并送进干燥风进行干燥，也可用日光晒干。干燥后储存在石灰缸内备用。出箱后要做好培养箱、培养室场地及工具的清洁卫生工作。有条件的还要进行消毒。如出现生产不正常时，培养室应用甲醛溶液或硫黄进行消毒。

3. 纯种根霉曲

纯种根霉曲是采用人工培育纯粹根霉菌和酵母制成的小曲。用它生产黄酒能节约粮食，减少杂菌污染，发酵产酸低，成品酒的质量均匀一致，口味清爽，还可提高5%～10%的出酒率。

（1）纯种根霉曲生产工艺流程　纯种根霉曲生产工艺流程见图2-2。

（2）操作要点

① 斜面培养　根霉试管斜面采用米曲汁琼脂培养基，使用的菌种有Q303、3.866等。

② 种曲培养　种曲培养基采用麸皮或早籼米粉。麸皮加水量为80%～90%，早籼米粉加水量为30%左右，拌匀，装入三角瓶，料层厚度在1.5cm以内，经0.098MPa压力蒸汽灭菌30min或常压灭菌两次。冷至35℃左右接种，28～30℃保温培养，20～24h后，长出菌丝，摇瓶一次，调节空气，促进繁殖。再培养1～2天，出现孢子，菌丝满布培养基表面并结成饼状，进行扣瓶，增加培养基与空气的接触面，促进根霉菌进一步生长，直至成熟。取出后装入已灭菌的牛皮纸袋里，置于37～40℃下干燥至含水10%以下，备用。

③ 帘子曲培养　麸皮加水80%～90%，拌匀堆积半小时，使其吸水，经常压蒸煮灭菌，摊冷至34℃，接入0.3%～0.5%的三角瓶种曲，拌匀，堆积保温、保湿，促使根霉菌孢子萌发。经4～

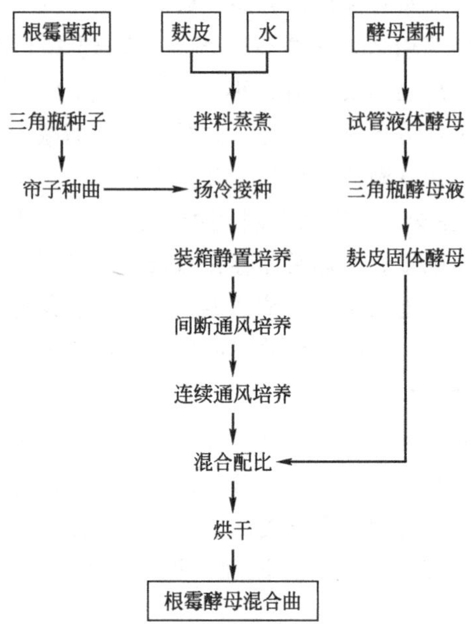

图 2-2　纯种根霉曲生产工艺流程

6h，品温开始上升，进行装帘，控制料层厚度 1.5～2.0cm。保温培养，控制室温 28～30℃，相对湿度 95%～100%，经 10～16h 培养，菌丝把麸皮连接成块状，这时最高品温应控制在 35℃，相对湿度 85%～90%。再经 24～28h 培养，麸皮表面布满大量菌丝，可出曲干燥。要求帘子曲菌丝生长茂盛，并有浅灰色孢子，无杂色异味，成品曲酸度在 0.5g/100g 以下，水分在 10%以下。

④ 通风制曲　用粗麸皮作原料，有利于通风，能提高曲的质量。麸皮加水 60%～70%，应视季节和原料粗细进行适当调整，然后常压蒸汽灭菌 2h。摊冷至 35～37℃，接入 0.3%～0.5%的种曲，拌匀，堆积数小时，装入通风曲箱内。要求装箱疏松均匀，控制装箱后品温为 30～32℃，料层厚度 30cm，先静置培养 4～6h，促进孢子萌发，室温控制 30～31℃，相对湿度 90%～95%。随着菌丝生长，品温逐步升高，当品温上升到 33～34℃时，开始间断

通风，使根霉菌获得新鲜氧气。当品温降低到30℃时，停止通风。接种后12～14h，根霉菌生长进入旺盛期，呼吸发热加剧，品温上升迅猛，曲料逐渐结块坚实，散热比较困难，需要进行连续通风，最高品温可控制在35～36℃，这时尽量要加大风量和风压，通入的空气温度应在25～26℃。通风后期由于水分不断减少，菌丝生长缓慢，逐步产生孢子，品温降到35℃以下，可暂停通风。整个培养时间为24～26h。培养完毕可通入干燥空气进行干燥，使水分下降到10%左右。

⑤ 麸皮固体酵母　传统的酒药是根霉、酵母和其他微生物的混合体，能边糖化边发酵，以此满足浓醪发酵的需要，所以，在培养纯种根霉曲的同时，还要培养酵母，然后混合使用。以米曲汁或麦芽汁作为黄酒酵母的固体试管斜面、液体试管和液体三角瓶的培养基，在28～30℃下逐级扩大，保温培养24h，然后以麸皮为固体酵母曲的培养基，加入95%～100%的水经蒸煮灭菌，接入2%的三角瓶酵母成熟培养液和0.1%～0.2%的根霉曲，使根霉对淀粉进行糖化，供给酵母必要的糖分。接种拌匀后装帘培养。装帘时要求料层疏松均匀，料层厚度为1.5～2cm，在品温30℃下培养8～10h，进行划帘，使酵母呼吸新鲜空气，排除料层内的CO_2，降低品温，促使酵母均衡繁殖。继续保温培养使品温升高至36～38℃，再次划帘。培养24h后，品温开始下降，待数小时后，培养结束，进行低温干燥。

将培养成的根霉曲和酵母曲按一定的比例混合成纯种根霉曲，混合时一般以酵母细胞数4×10^8个/g计算，加入根霉曲中的酵母曲量应为6%最适宜。

三、麦曲

1. 麦曲的作用和特点

麦曲是指在破碎的小麦粒上培养繁殖糖化菌而制成的黄酒生产糖化剂。它为黄酒酿造提供各种酶类，主要是淀粉酶和蛋白酶，促使原料所含的淀粉、蛋白质等高分子物质的水解；同时在制曲过程中形成各种代谢物，以及由这些代谢产物相互作用产生色泽、香味等，赋予黄酒酒体独特的风格。传统的麦曲生产采用自然培育微生物的方法，目前已有不少工厂采用纯粹培育的方法制得纯种麦曲。

对传统方法制成的麦曲进行微生物分离鉴定，发现其中主要是黄曲霉（或米曲霉）、根霉、毛霉和少量的黑曲霉、灰绿曲霉、青霉、酵母等。麦曲分为块曲和散曲，块曲主要是踏曲、挂曲、草包曲等，一般经自然培养而成；散曲主要有生麦曲、爆麦曲、熟麦曲等，常采用纯种培养制成。为了弥补麦曲糖化力或液化力之不足，减少用曲量，在不影响成品黄酒风味的前提下，可适当添加纯种麦曲或食品级淀粉酶制剂加以强化。

2. 踏曲的制造

踏曲是块曲的代表，又称闹箱曲。常在农历八九月间制作。

（1）工艺流程

小麦→过筛→轧碎→加水拌曲→踩曲成型→入室堆曲→保温培养→通风干燥→成品

（2）操作要点

① 过筛、轧碎　原料小麦经筛选除去杂质并使制曲小麦颗粒大小均匀。过筛后的小麦入轧麦机破碎成3～5片，呈梅花形，麦皮破裂，胚乳内含物外露，使微生物易于生长繁殖。

② 加水拌曲　轧碎的麦粒放入拌曲箱中，加入20%～22%的清水，迅速拌匀，使之吸水。要避免白心或水块，防止产生黑曲或烂曲。拌曲时也可加进少量的优质陈麦曲作种子，稳定麦曲的质量。

③ 踩曲成型　为了便于堆积、运输，须将曲料在曲模木框中踩实成型，压到不散为度，再用刀切成块状。

④ 入室堆曲　在预先打扫干净的曲室中铺上谷皮和竹簟，将曲块搬入室内，侧立成丁字形，叠为两层，再在上面散铺稻草保温，以适应糖化菌的生长繁殖。

⑤ 保温培养　堆曲完毕，关闭门窗，经3～5天后，品温上升至50℃左右，麦粒表面菌丝繁殖旺盛，水分大量蒸发，要及时做

好降温工作，取掉保温覆盖物并适当开启门窗。继续培养20天左右，品温也逐步下降，曲块随水分散失而变得坚硬，将其按井字形叠起，通风干燥后使用或入库储存。

为了确保麦曲质量，培菌过程中的最高品温可控制在50～55℃，使黄曲霉不易形成分生孢子，有利于菌丝体内淀粉酶的积累，提高麦曲的糖化力。并且对青霉之类的有害微生物起到抑制作用。避免产生黑曲和烂曲现象，同时加剧美拉德反应，增加麦曲的色素和香味成分。

成品麦曲应该具有正常的曲香味，白色菌丝均匀密布，无霉味或生腥味，无霉烂夹心，含水量为14%～16%，糖化力较高，在30℃时，每克曲每小时能产生700～1000mg葡萄糖。

3. 纯种麦曲

采用纯粹的黄曲霉（或米曲霉）菌种在人工控制的条件下进行扩大培养制成的麦曲称为纯种麦曲。它比自然培养的麦曲的酶活性高，用曲量少，适合于机械化新工艺黄酒的生产。

纯种麦曲可分为生麦曲、熟麦曲、爆麦曲等。它们除了在制曲原料的处理上有不同外，其他操作基本相同，都可采用厚层通风制曲法，其制造工艺过程如下：

原菌→试管培养→三角瓶扩大培养→种曲扩大培养→麦曲通风培养

（1）菌种　制造麦曲的菌种应具备以下特性。

① 淀粉酶活力强而蛋白酶活力较弱。

② 培养条件粗放，抵抗杂菌能力强，在小麦上能迅速生长，孢子密集健壮。

③ 能产生特有的曲香。

④ 不产生黄曲霉毒素。

目前我国黄酒生产常用的菌种有3800或苏16等。

（2）种曲的扩大培养

① 试管菌种的培养一般采用米曲汁琼脂培养基，30℃培养4～5天，要求菌丝健壮、整齐，孢子丛生丰满，菌丛呈深绿色或黄绿

色，无杂菌污染。

② 三角瓶种曲培养以麸皮为培养基，操作与根霉曲相似。要求孢子粗壮整齐、密集，无杂菌。

③ 帘子种曲（或盒子种曲）的培养操作与根霉帘子曲相似。

④ 通风培养纯种的生麦曲、爆麦曲、熟麦曲，主要在原料处理上不同。生麦曲在原料小麦轧碎后，直接加水拌匀接入种曲，进行通风扩大培养。爆麦曲是先将原料小麦在爆麦机里炒熟，趁热破碎，冷却后加水接种，装箱通风培养。熟麦曲是先将原料小麦破碎，然后加水配料，在常压下蒸熟、冷却后，接入种曲，装箱通风培养。

（3）纯种熟麦曲的通风培养操作程序

配料→蒸料→冷却→接种→堆积装箱→静置培养→通风培养→出曲

① 配料、蒸料　制曲原料小麦用辊式破碎机破碎成每粒 3～5 瓣，尽量减少粉末的形成。根据季节、麦料粉碎的粗细程度和干燥程度添加适量的水拌匀，一般加水量为原料量的 40%左右。堆积润料 1h 左右，常压蒸煮，圆汽后蒸 45min，达到淀粉糊化和原料灭菌的作用。

② 冷却、接种　将蒸熟的麦料迅速风冷至，36～38℃；接入原料量的 0.3%～0.5%的种曲，拌匀，控制接种后品温 33～35℃。

③ 堆积装箱　接种后的曲料可先行堆积 4～5h，促进霉菌孢子的吸水膨胀发芽。也可直接把曲料装入通风培养曲箱内，要求装箱疏松均匀，品温控制在 30～32℃，料层厚度为 25～30cm，可视气温进行调节。

④ 通风培养　纯种麦曲通风培养主要掌握温度、湿度、通风量和通风时间。整个通风培养分为三个阶段，前期为间断通风阶段。接种后 10h 左右，是霉菌孢子萌发，生长幼嫩菌丝的阶段。霉菌呼吸弱，发热量少，应注意曲料的保温、保湿。室温宜控制在 30～31℃，室内空气相对湿度为 90%～95%，品温控制在 30～33℃，此时可用循环小风量通风或待品温升至 34℃时，进行间断

通风，让品温下降到30℃时，停止通风，如此反复进行。中期为连续通风阶段。经过间断通风培养，霉菌菌丝进入旺盛生长时期，菌丝体大量形成，呼吸作用强烈，品温升高很快，并且发生菌丝相互缠绕，曲料结块，通风阻力增加，此时必须全风量连续通风，品温控制在38℃左右，不得超过40℃，否则会发生烧曲现象，如果品温过高，可通入部分温度、湿度较低的新鲜空气。后期为产酶排湿阶段。菌丝生长旺盛期过后，呼吸逐步减弱，菌丝体开始出现分生孢子柄和分生孢子。这是霉菌产酶和积累酶最多的时期，应降低湿度，提高室温或通入干热空气，控制品温在37～39℃，进行排潮，这样有利于酶的形成和成品曲的保存，在曲的酶活力达到最高时及时出曲，大约整个培养时间为36h。盲目延长培养时间，反而会降低曲的酶活力，使曲形成大量霉菌孢子。

⑤ 成品曲的质量　成品曲应表现为菌丝稠密粗壮，不能有明显的黄绿色孢子，有曲香，无霉酸味，曲的糖化力在1000U以上，曲的含水量在25%上下。

4. 乌衣红曲

我国浙江、福建部分地区以籼米为原料生产黄酒，采用乌衣红曲作糖化发酵剂。乌衣红曲是米曲的一种，它主要含有红曲霉、黑曲霉、酵母等微生物。乌黑衣红曲具有糖化发酵力强、耐温、耐酸等特点，酿制出的黄酒色泽鲜红，酒味醇厚，但酒的苦涩味较重。

(1) 乌衣红曲生产工艺流程

籼米→浸渍→蒸煮→摊饭→接种（加黑曲霉、红糟）→装箩→翻堆→摊平→喷水→出曲→晒曲→成曲

(2) 操作要点

① 浸渍、蒸煮　籼米加水浸渍，一般在气温15℃以下时，浸渍2.5h；气温15～20℃时，浸渍2h；气温在20℃以上时，浸渍1～1.5h。浸后用清水漂洗干净，沥干后常压蒸煮，圆汽后5min即可，要求米饭既无白心，又不开裂。

② 摊饭、接种　蒸熟的米饭摊开冷却到34～39℃，接入0.01%的黑曲霉菌种和0.01%红糟，充分拌匀，装箩。

③ 装箩、翻堆　接种后的米饭盛入竹箩内，轻轻摊平，盖上洁净麻袋，入曲房保温，促进霉菌孢子萌发繁殖。如室温在 22℃以上，约经 24h，箩中心的品温可升到 43℃，气温低时，保温时间须延长。当品温达 43℃时，米粒有 1/3 出现白色菌丝和少量红色斑点，其余尚未改变。这是由于不同微生物繁殖所需的温度不同所致，箩心温度高，适于红曲霉生长，箩心外缘温度在 40℃以下，黑曲霉生长旺盛。当箩内品温下降到 40℃以上时，将米饭倒在曲房的水泥地上，加以翻拌，重新堆积。待品温下降到 38℃时，翻拌堆积一次。以后当品温下降到 36℃、34℃时各进行翻拌堆积一次。每次翻拌堆积的间隔时间，气温在 22℃以上时约 1.5h；气温在 10℃左右，需 5～7h 才翻拌堆积。

④ 摊平、喷水　当饭粒 70%～80%出现白色菌丝时，按先后把各堆翻拌摊平，耙成波浪形，凹处约 3.5cm，凸处约 15cm。

如气温在 22℃以上，当曲料品温上升到 32℃时，每 100kg 米饭喷水 9kg，经 2h 将其翻拌一次，约 2h 后品温又上升到 32℃，再喷水 14kg，每隔 2h 左右翻拌一次，共翻拌两次，至第二天再喷水 10kg，经 3h 后品温上升到 34℃，再喷水 13kg。这次喷水应按饭粒上霉菌繁殖来决定，如用水过多，则饭粒容易腐烂而使杂菌滋生；用水过少，曲菌繁殖不好，容易产生硬粒而影响质量。总计每 100kg 米饭用水量在 46kg 左右，最后一次喷水后每隔 3～4h 要翻耙一次，共翻两次。至喷水的第三天，品温高达 35～36℃，为霉菌繁殖最旺盛时期，过数小时后，品温才开始下降。整个制曲过程要将天窗全部打开，一般控制室温在 28℃左右。气温在 10℃左右的冷天，因曲房保温难，曲室内温度只能保持在 23℃左右，曲料平摊后，经 11h 左右品温才逐渐上升到 28℃左右，此时每 100kg 米饭翻拌喷水 7kg，经 5h 左右品温又上升到 28℃左右，再翻拌喷水 8.5kg，再经 4h，品温又上升到 28℃，再翻拌喷水 10kg，经 3h 又翻拌一次。喷水的第二天同样喷水三次，时间操作基本上与前一天相同，以品温升到 28～30℃之间才进行喷水和翻拌，唯前两次喷水翻拌每 100kg 米饭每次用水 9kg，第三次也以饭粒霉菌繁殖程度决定，用水量与天热时大致相同。每 100kg 米饭总计用水约 53kg。最后一次喷水翻拌后 3h 要检查曲中有无硬粒，如有硬粒，第二天再需加水翻拌一次。天冷时用水次数多，量也多，因为气温低，温度上升慢，如果喷水次数少而喷水量多，饭粒一下吸收不了，易使曲变质，杂菌滋生。

⑤ 出曲、晒曲　一般在曲室中到第六七天，品温已无变化，即可出曲，摊在竹簟上，经阳光晒干，保存。

乌衣红曲生产中所用红糟又名“糟娘”，是红曲霉和酵母的扩大培养产物，是制备乌衣红曲的种子之一。其制备方法是先将粳米量的三倍清水煮沸，再将淘洗干净的粳米投入锅中，继续煮沸并除去水面白沫，直至米身开裂后停煮。取出摊开冷至 32℃，加粳米量 45%～50%的红曲拌匀，灌入清洁杀过菌的大口酒坛中，前 10 天敞口发酵，每天早晨及下午各搅拌一次。气温在 25℃以上时，15 天左右可使用。气温低，培养时间应延长，一般要求红糟酒精含量 14%左右，口尝有刺口，并带辣味为好，如有甜味表示发酵不足。

四、酒母

黄酒发酵需要大量酵母的共同作用，在传统的绍兴酒发酵时，发酵醪液中酵母密度高达（6～9）$\times 10^8$ 个/mL，发酵后的酒精浓度可达 18%以上，因而酵母的数量及质量直接影响黄酒的产率和风味。

1. 黄酒发酵所用酵母的特性要求

黄酒发酵所用酵母的特性要求如下。

① 所含酒化酶强，发酵迅速并有持续性。

② 具有较强的繁殖能力，繁殖速度快。

③ 抗酒精能力强，耐酸、耐温、耐高浓度和渗透压，并有一定的抗杂菌能力。

④ 发酵过程中形成尿素的能力弱，使成品黄酒中的氨基甲酸乙酯尽量减少。

⑤ 发酵后的黄酒应具有传统的特殊风味。

黄酒酒母的种类根据培养方法可分为两大类：一是用酒药通过淋饭酒醅的制造自然繁殖培养酵母菌，这种酒母称为淋饭酒母。二是用纯粹黄酒酵母，通过纯种逐级扩大培养，增殖到发酵所需的酒母醪量，称之为纯种培养酒母，它常用于新工艺黄酒的大罐发酵，按制备方法不同，又分为速酿酒母和高温糖化酒母。

2. 淋饭酒母

淋饭酒母又叫酒娘，一般在酿制摊饭酒时使用。在生产淋饭酒母（或淋饭酒）时，用冷水淋浇蒸熟的米饭，然后进行搭窝和糖化发酵，把质量上乘的淋饭酒醅挑选出来作为酒母，其余的经压榨煎酒成为商品淋饭酒。也可把淋饭酒醅掺入摊饭酒主发酵结束时的酒醪中，提高摊饭酒醪的后发酵能力。

(1) 工艺流程

配料→浸米→蒸饭→淋水→落缸搭窝→加曲冲缸→发酵开耙→后发酵→酒母

(2) 操作要点

① 配料　制备淋饭酒母常以每缸投料米量为基准，根据气候的不同有 100kg 和 125kg 两种，麦曲用量为原料米的 15%～18%，酒药用量为原料米的 0.15%～0.2%，控制饭水总重量为原料米量的 300%。

② 浸米、蒸饭、淋水　在洁净的陶缸中装好清水，将米倾入，水量超过米面 5～6cm 为好，浸泡时间根据气温不同控制在 42～48h。然后捞出冲洗，淋净浆水，常压蒸煮。要求饭粒松软，熟而不糊，内无白心。将热饭进行淋水，目的是迅速降低饭温，达到落缸要求，并且增加米饭的含水量，同时使饭粒光滑软化，分离松散，以利于糖化菌繁殖生长，促进糖化发酵。淋后饭温一般要求在 31℃左右。

③ 落缸搭窝　将发酵缸洗刷干净并用沸水和石灰水泡洗，用时再用沸水泡缸一次，达到消毒灭菌的目的。将淋冷后的米饭，沥去水分，放入大缸，米饭落缸温度一般控制在 27～30℃，并视气

温而定，在寒冷的天气可高至32℃。在米饭中拌入酒药粉末，翻拌均匀，并将米饭中央搭成V形或U形的凹圆窝，在米饭上面再撒些酒药粉，这个操作称为搭窝。搭窝的目的是为了增加米饭和空气的接触，有利于好气性糖化菌的生长繁殖，释放热量，故而要求搭得较为疏松，以不塌陷为度。搭窝又能便于观察和检查糖液的发酵情况。

④ 加曲冲缸　搭窝后应及时做好保温工作。酒药中的糖化菌、酵母在米饭的适宜温度、湿度下迅速生长繁殖。根霉等糖化菌分泌淀粉酶将淀粉分解成葡萄糖，使窝内逐渐积聚甜液，此时酵母得到营养和氧气，也进行繁殖。由于根霉、毛霉产生乳酸、延胡索酸等酸类物质，使酿窝甜液的pH值维持在3.5左右，有力地控制了产酸细菌的侵袭，纯化了强壮的酵母菌，使整个糖化过程处于稳定状态。一般经过36～48h糖化以后，饭粒软化，甜液满至酿窝的4/5高度，此时甜液浓度约35°Bx左右，还原糖为15%～25%，酒精含量在3%以上，而酵母由于处在这种高浓度、高渗透压、低pH值的环境下，细胞浓度仅在0.7×10^8个/mL左右，基本上镜检不出杂菌。这时酿窝已成熟，可以加入一定比例的麦曲和水，进行冲缸，充分搅拌，酒醅由半固体状态转为液体状态，浓度得以稀释，渗透压有较大的下降，但醪液pH值仍能维持在4.0以下，并补充了新鲜的溶解氧，强化了糖化能力，这一环境条件的变化，促使酵母菌迅速繁殖，24h以后，酵母细胞浓度可升至$(7\sim10)\times10^8$个/mL，糖化和发酵作用大大地加强。冲缸时品温约下降10℃，应根据气温冷热情况，及时做好适当的保温工作，维持正常发酵。

⑤ 发酵开耙　加曲冲缸后，由于酵母的大量繁殖并逐步开始进行旺盛的酒精发酵，使酒醪温度迅速上升，8～15h后，品温达到一定值，米饭和部分曲漂浮于液面上，形成泡盖，泡盖内温度更高。可用木耙进行搅拌，俗称开耙。开耙目的，一是为了降低和控制发酵温度，使各部位的醪液品温趋于一致；二是排出发酵醪液中积聚的二氧化碳气体，供给新鲜氧气，以促进酵母繁殖，防止杂菌滋长。第一次开耙的温度和时间的掌握尤为重要，应根据气温高低

和保温条件灵活掌握。在第一次开耙以后，每隔 3～5h 就进行第二次、第三次和第四次开耙，使醪液品温保持在 26～30℃。

⑥ 后发酵　第一次开耙以后，酒精含量增长很快，冲缸 48h 后酒精含量可达 10%以上，糖化发酵作用仍在继续进行。为了降低醪液品温，减少酒醪与空气的接触面，使酒醅在较低温度下继续缓慢发酵，生成更多的酒精，提高酒母质量，在落缸后第七天左右，即可将发酵醪灌入酒坛，进行后发酵，俗称灌坛养醅。经过 20～30 天的后发酵，酒精含量达 15%以上，对酵母的驯化有一定的作用，再经挑选，优良者可用来酿制摊饭黄酒。

(3) 酒母的挑选　可采用理化分析和感官品尝结合的方法，从淋饭酒醅中挑选品质优良的作为酒母，其要求酒醅发酵正常，酒精含量在 16%左右，酸度在 0.31～0.37g/100mL 之间，口味老嫩适中，爽口无异杂味。

3. 纯种酒母

纯种酒母是用纯粹扩大培养方法制备的黄酒发酵所需的酒母，根据具体操作不同分为速酿酒母和高温糖化酒母。首先从传统的淋饭酒醅或黄酒醅中分离出性能优良的黄酒酵母菌种，如目前使用的 723 号、501 号、醇 2 号等都是香味好、繁殖快、发酵力强、产酸少的优良菌种，然后通过试管、三角瓶、酒母罐等逐级扩大培养而成。纯种酒母培养不受季节限制，所需设备少，操作时劳动强度低，很适合新工艺大罐发酵黄酒的生产，对稳定黄酒成品的质量具有重大意义。

纯种酒母常在不锈钢或 A3 钢制的酒母罐中培养，该罐为圆柱锥底形状，圆柱部分直径与高度之比为 1∶1，并有夹套或蛇管调节温度，也可设置搅拌装置或无菌空气通风管，以进行搅拌并增加溶氧，促进酵母生长繁殖。每个酒母罐的有效容积最好为每个前发酵罐有效容积的 1/10，以便于控制酒母醪的用量。

(1) 速酿酒母　速酿酒母是一种仿照黄酒生产方式制备的双边发酵酒母，而它的制作周期比淋饭酒短得多，它在醪中添加适量乳酸，调节 pH 值，以抑制杂菌的繁殖。

① 配料　制造酒母的用米量为发酵大米投料量的5%左右，米和水的比例在1∶3以上，麦曲用量为酒母用米量的12%～14%（纯种曲），如用自然培养的踏曲则用15%。

② 投料方法　先将水放好，然后把米饭和麦曲倒入罐内，混合后加乳酸调节pH值至3.8～4.1之间，再接入三角瓶酒母，接种量1%左右，充分搅拌，保温培养。

③ 温度管理　入罐品温视气温高低而定，一般掌握在25～27℃。入罐后10～12h，品温升到30℃，进行开耙搅拌，以后每隔2～3h搅拌一次，或通入无菌空气充氧，使品温保持在28～30℃之间。品温过高时必须冷却降温，否则容易升酸，酒母衰老。总培养时间为1～2天。酒母质量要求酵母细胞粗壮整齐，酵母浓度在3×10^8个/mL以上，酸度0.24g/100mL以下，杂菌数每个视野不超过2个，酒精含量3%～4%。

（2）高温糖化酒母　制备这种酒母时，先采用55～60℃的高温糖化，然后高温灭菌，培养液经冷却后接入酵母，扩大培养，以便提高酒母的纯度，避免黄酒发酵的酸败。

① 糖化醪配料　以糯米或粳米作原料，使用部分麦曲和淀粉酶制剂，每罐配料如下：

大米600kg，曲10kg，液化酶（3000U）0.5kg，糖化酶（15000U）0.5kg，水2050kg。

② 操作要点　预先在糖化锅内加入部分温水，然后将蒸熟的米饭倒入锅内，混合均匀，加水调节品温在60℃，控制米∶水>1∶3.5，再加一定比例的麦曲、液化酶、糖化酶，于55～60℃糖化3～4h，使糖度达14～16°Bx。糖化结束，将糖化液升温到90℃以上，保温杀菌10min，再迅速冷却到30℃，转入酒母罐内，接入酒母醪容量1%的三角瓶酵母培养液，搅拌均匀，在28～30℃下培养12～16h即可使用。

③ 酒母成熟醪的质量要求　酵母浓度>$(1\sim1.5)\times10^8$个/mL，芽生率15%～30%，杂菌数每个视野<1.0个，酵母死亡率<1%，酒精含量3%～4%，酸度0.12～0.15g/100mL。

(3) 稀醪酒母　此法主要是减少了渗透压对酵母繁殖的影响，加快了酒母的成熟速度，培养时间短，酵母强壮。

① 原料蒸煮糊化　大米先在高压蒸煮锅内加压蒸煮糊化，米∶水为1∶3，在0.294～0.392MPa压力下保持30min糊化。

② 高温糖化　糊化醪从蒸煮锅压入糖化酒母罐，边冷却边加入自来水稀释，成为米∶水达1∶7的稀醪，当品温降到60℃时，加入米量15%的糖化曲。静置糖化3～4h，使糖度达15～16°Bx。

③ 灭菌、接种　糖化结束，将糖化醪加热到85℃，保温灭菌20min，然后冷却到60℃左右，加入乳酸调pH值至4左右，继续冷至28～30℃，接入三角瓶酵母培养液，培养14～16h。

④ 酒母成熟醪质量要求　酵母浓度3×10^{8}个/mL，芽生率>20%，耗糖率40%～50%，杂菌数和酵母死亡率几乎为零。

使用纯种酵母酿酒，可能会出现黄酒香味淡薄的缺点。为了克服这一缺点，可采用纯种根霉和酵母混合培养的阿明诺酒母法，也可试用多种优良酵母混合发酵来进行弥补。

第四节　米酒酿造的主要微生物

一、甜酒曲微生物

中国人很早就掌握了微生物发酵的技术，酿甜酒已有上千年的历史，古文中的“醴”即甜酒之意。发酵甜酒，主要用的是酒曲中的霉菌，通常是根霉，也有毛霉。如果仔细观察，发酵的糯米表面能看见白白的菌丝，有时还能看到微小的黑点，那是霉菌成熟的孢子。根霉可以产生淀粉酶，将糯米中的淀粉分解成糖，糖进一步生成酒精，这就是产生甜酒的基本原理。

传统酒曲中通常混有天然酵母，随着发酵产生的糖分逐渐增多，酵母就活跃起来。酵母可以产生酒化酶，将葡萄糖变成乙醇（酒精），这是甜酒中酒味的主要来源。如果乙醇继续积累，根霉就会失去生存空间，于是甜味渐渐被酒味取代。蒸馏酒出现之前，人们喝的酒很多就是这种，其酒精度可达到十多度，和红酒相当。但由于口感甘甜，具有很强的迷惑性，一不小心就会喝多。

传统发酵工艺存在一些难题，比如发酵的“火候”不易掌握，甜酒的品质不太稳定，等等。此外，如果酒曲或者制作过程被其他微生物污染，容易产生不良后果，比如污染醋酸杆菌会使甜酒发酸，污染了其他青霉、曲霉，可能会出现五颜六色的菌斑。目前，现代工艺的甜酒曲是从许多传统酒曲中分离纯化的根曲霉，而且这些菌种经过现代发酵工艺的筛选和改良，分解淀粉的效率更高。由于没有酵母和杂菌侵染，因此用这样的酒曲做出来的甜酒味道纯正，品质稳定，几乎没有酒味。虽然家庭制作过程仍然可能被杂菌污染，但只要多给一点酒曲，让根曲霉占绝对多数就不用担心了。

虽然现代工艺制成的甜酒曲使用方便，但它相对传统酒曲也有一些缺点。由于菌种单一，因此发酵的甜酒风味比较单调。而传统酒曲除了霉菌和酵母，还有其他许多微生物，比如乳酸菌和酵母。乳酸菌在发酵过程中产生的少量乳酸可以和酵母产生的乙醇生成酯类物质，还能产生乙醛、双乙酰（奶油味）等小分子物质。这些复杂的发酵产物使甜酒的风味更饱满。

米酒曲中的霉菌主要有以下几种。

1. 曲霉

发酵工业和食品加工业的曲霉菌种已被利用的近 60 种。2000 多年前，我国就将其用于制酱，也是酿酒、制醋曲的主要菌种。现代工业利用曲霉生产各种酶制剂（淀粉酶、蛋白酶、果胶酶等）、有机酸（柠檬酸、葡萄糖酸、五倍子酸等），农业上用作糖化饲料菌种。

曲霉是酿酒业所用的糖化菌种，是与制酒关系最密切的一类菌。麦曲、米曲中的曲霉，在黄酒酿造中起糖化作用，其中以黄曲霉为主，还有较少的黑曲霉等微生物。曲霉的菌体是由许多菌丝组成的。有些菌丝在营养物质的表面并向上生长，叫做直立菌丝；有些菌丝蔓延到营养物质的内部，叫做营养菌丝。

2. 根霉

根霉菌是米酒生产中主要糖化菌。其糖化力强，几乎使淀粉全部水解生成葡萄糖，还能生成乳酸、琥珀酸和延胡索酸等有机酸，降低培养基的 pH 值，抑制产酸菌的侵袭，使米酒口味鲜美丰满。根霉在自然界分布很广，它们常生长在淀粉基质上，空气中也有大量的根霉孢子。孢子囊内囊轴明显，球形或近球形，囊轴基部与梗相连处有囊托。根霉的孢子可以在固体培养基内保存，能长期保持生活力。黑根霉也称匐枝根霉，分布广泛，常出现于生霉的食品上，瓜果蔬菜等在运输和储藏过程中的腐烂及甘薯的软腐都与其有关。黑根霉是目前发酵工业上常使用的微生物菌种。根霉在自然界分布很广，用途广泛，其淀粉酶活性很强，是酿造工业中常用糖化菌。我国最早利用根霉糖化淀粉（即阿明诺法）生产酒精。

3. 红曲霉

红曲霉是生产红曲的主要微生物。红曲霉菌不怕湿度大，耐酸，最适温度 32～35℃，最适 pH 值为 3.5～5.0，在 pH 3.5 时，能抑制其他霉菌而旺盛生长，红曲霉菌所耐最低 pH 值为 2.5，能耐 10%的酒精，能产生淀粉酶、蛋白酶等，水解淀粉最终生成葡萄糖，并能产生柠檬酸、琥珀酸、乙醇，还分泌红色素或黄色素等。红曲霉的用途很广，我国早在明朝就用它培制红曲，作为药用和酿制红酒和红醋。

4. 酵母

传统法米酒酿造中使用的酒药中含有许多酵母，有些起发酵酒精的作用，有些能使米酒产生特有的香味物质。新工艺米酒使用的 AS2.1392 是优良纯种酵母，发酵力强，能发酵葡萄糖、半乳糖、蔗糖、麦芽糖及棉子糖，而且抗杂菌能力强，生产性能稳定。

二、甜酒药制作方法

甜酒药主要用于醪糟（甜酒酿）的制作，甜酒药是糖化菌及酵母制剂，其所含的微生物主要有根霉、毛霉及少量酵母。

1. 工艺流程

培养基制备→根霉菌种培养→刮菌→研菌→稀释→米糁磨粉→杀菌→摊晾→拌和→制坯→保温→干燥→成品

2. 工艺要点

(1) 培养基制备　取14～16°Bé的麦芽汁1000mL，调节pH值至4.5左右，再加琼脂25～28g，加热溶解后装入试管内，约5mL，塞上棉塞，在0.06～0.07MPa，压力下灭菌30min后，取出制成斜面培养基，再于28～30℃保温箱里培养3天，证明无杂菌后可供接种。

(2) 根霉菌种培养　选用3.851或3.866根霉菌种，在无菌条件下，接种到麦芽汁斜面培养基上，保温30～35℃，经60h左右，表面生长了大量菌膜和少量气菌丝时，即可备用。

(3) 刮菌、研菌、稀释　取生长良好的根霉斜面菌种90支(20mm×18mm)，用消过毒的薄竹片小心刮下菌膜放在研钵中研细，愈细愈好，使孢子充分扩散（研时可加少量无菌水），并加冷开水30～36kg，再加入2×10^{5}U青霉素一瓶，即成根霉稀释液。

(4) 米糁磨粉、杀菌、摊晾、拌和　将米糁（碎米）磨成细粉，加热至110～120℃进行杀菌。可在铁锅内烘炒，操作时需翻拌，以防炒焦，达到所需温度后，即取出置于干净消过毒的拌料台上摊晾至室温。然后按每100kg米粉拌和稀释液6.6～7.2kg的标准，把稀释液加入米粉中拌匀（视气温与湿度适量加水），以手捏成团和跌地即散为度。

(5) 制坯、保温、干燥　把米粉与水和菌液混合液充分拌匀后，用方框挤压成形，用刀切成方形，按块排列在竹匾上，块与块间距离为1～2cm，然后送到保温室保持温度32～37℃。经过24h，曲块表面即产生白衣，同时产生清香味，说明发育正常。经过60h后，二指紧压如有弹力之感，则认为可用。在不超过50℃的温度下干燥，即成成品。

(6) 成品检查

① 取糯米0.5kg，用水淘净，浸渍8～16h（夏季8h、春秋

12h、冬季16h)，浸米后用水淋清沥干，再用蒸笼蒸熟，以饭熟透无生心为标准，然后用冷开水冲凉、沥干。

② 取酒曲试样研成细粉，按用曲量0.5％的标准，将糯米饭与细粉拌匀后，分在4个碗内，稍加按压，中间挖窝，面上加盖，保温32～37℃，经24h酒酿满窝即可取样检查。

③ 饭面无黑孢子及其他有色菌体；清香扑鼻，无异味；鲜甜可口，无酸味者为上等曲。

第三章
黄酒生产工艺

第一节　原料的处理

一、大米原料处理

大米原料在糖化发酵以前必须进行精白、浸米和蒸煮、冷却等处理。

1. 米的精白

由于糙米的糠层含有较多的蛋白质、脂肪，给黄酒带来异味，降低成品酒的质量；另外，糠层的存在，妨碍大米的吸水膨胀，米饭难以蒸透，影响糖化发酵；糠层所含的丰富营养会促使微生物旺盛发酵，品温难以控制，容易引起生酸菌的繁殖而使酒醪的酸度升高。对糙米或精白度不足的原料应该进行精白，以消除上述的不利影响。

大米精白时，随着精白程度的提高，米的化学组成逐渐接近于胚乳，淀粉含量相对增加，蛋白质、脂肪等成分相对减少。

米的精白程度常以精米率表示。精米率也称出白率。精白度提高有利于米的蒸煮、发酵，有利于提高酒的质量。所以，日本生产清酒时，平均精米率为73%左右，酒母用米的精米率为70%，发酵用米的精米率为75%左右。

粳米、籼米比糯米难蒸透，更应注意提高精白度，但精白度越高，米的破碎率会增加，有用物质的损失就增多。因此，一般控制精白度为标准一级较适宜，或者在浸米时，添加适量的蛋白酶、脂肪酶，以弥补精白不足的缺陷。

2. 米的浸渍

大米可以通过洗米操作除去附着在米粒表面的糠秕、尘土和其他杂质，然后加水浸渍。

（1）浸米的目的

① 让大米吸水膨胀以利蒸煮。水是各种物质的溶剂，又是传递热量的理想媒介。要使大米淀粉蒸熟糊化，必须先让它充分吸水，使植物组织和细胞膨胀，颗粒软化。蒸煮时，热量通过水的传递进入淀粉颗粒内部，迫使淀粉链的氢键破坏，使淀粉达到糊化程度。适当延长米的浸渍时间可以缩短米的蒸煮时间。

② 为了取得浸米的酸浆水，作为传统绍兴黄酒生产的重要配料之一。传统的摊饭法酿酒，浸米时间长达 16～20 天，除了使米充分吸水外，主要是抽取浸米的酸浆水用作配料，使发酵开始即具有一定的原始酸度，抑制杂菌的生长繁殖，保证酵母菌的正常发酵；浆水中的氨基酸、生长素可提供给酵母利用；多种有机酸带入酒醪，改善了黄酒的风味。浆水配料是绍兴黄酒生产的重要特点之一。

（2）浸米过程中的物质变化　浸米开始，米粒吸水膨胀，含水量增加；浸米 4～6h，吸水达 20%～25%；浸米 24h，水分基本吸足。浸米时，米粒表面的微生物依靠溶入的糖分、蛋白质、维生素等作营养进行生长繁殖。浸米 2 天后，浆水微带甜味，从米层深处会冒出小气泡，开始进行缓慢的发酵作用，乳酸菌将糖分逐渐转化成乳酸，浆水酸度慢慢升高。浸米数天后，水面上将出现由皮膜酵母形成的乳白色菌醭，与此同时，米粒所含的淀粉、蛋白质等物质受到米粒本身存在的及微生物分泌的淀粉酶、蛋白酶的作用而进行水解，其水解产物提供给乳酸菌作为转化的基质，产生乳酸等有机酸，使浸米水的总酸、氨基酸含量增加。总酸可高达 0.5%～0.9%，酸度的增加促进了米粒结构的疏松，并随之出现“吐浆”现象。这些变化与浆水中的微生物密切相关。经分析，浆水中以细菌最多，酵母次之，霉菌最少。

浸米过程中由于溶解作用和微生物的吸收转化，淀粉等物质都有不同程度的损耗。浸米 15 天，测定浆水所含固形物达 3%以上，原料总损失率达 5%～6%，淀粉损失率为 3%～5%。

(3) 影响浸米速度的因素　浸米时间的长短由生产工艺、水温、米的性质所决定。除了传统的酿造法需要以浆水作配料时需长时间浸米外，目前浸米时间都比较短，一般只要求达到米粒吸足水分，颗粒保持完整，手指捏米能碎即可，吸水量为 25%～30%。吸水量指原料米经浸渍后含水百分数的增加值。

浸米时吸水速度的快慢，首先与米的品质有关，糯米比粳米、籼米吸水快；大粒米、软质米、精白度高的米，吸水速度快，吸水率高。

使用软水浸米，水分容易渗透，米粒的无机成分溶出较多；使用硬水浸米，水分渗透慢，米粒的有机成分溶出较多。

浸米水温高，吸水速度快，有用成分的损失随之增多；浸米水温低，则相反。为了使浸米速度不受环境气温的影响，可采用控温浸米，当气温下降，浸米的配水温度可以提高，使浸米水温控制在 30℃或 35℃以下，既加快米的浸渍速度，又能防止米的变质发臭。根据气温来决定配水的温度。加入米后水温下降，为了维持恒定的浸米温度，可在浸米室内利用蒸汽保温，使室温维持在 25℃左右，浸米时间在 36～48h，米的吸水率达 30%以上。目前新工艺黄酒生产不需要浆水配料，常用乳酸调节发酵醪的 pH 值，浸米时间可大为缩短，常在 24～48h 内完成。淋饭法生产黄酒，浸米时间仅几小时或十几小时。

我国北方，因酿酒原料和气候条件不同，浸米方法与南方大米不一样。黍米浸渍，先加入 60%左右的沸水泡软米粒外皮，并急速搅拌散冷，称为烫米，使水分易于渗透。然后浸渍 20h。

3. 蒸煮

(1) 蒸煮目的

① 使淀粉糊化。大米淀粉以颗粒状态存在于胚乳细胞中，淀

粉分子排列整齐，具有结晶型构造，称为生淀粉或β-型淀粉。浸米以后，淀粉颗粒膨胀，淀粉链之间变得疏松。对浸渍后的大米进行加热，结晶型的β-型淀粉转化为三维网状结构的α-型淀粉，淀粉链得以舒展，黏度升高，称为淀粉的糊化。糊化后的淀粉易受淀粉酶的水解而转化为糖或糊精。

② 对原料进行灭菌。通过加热杀灭大米所带有的各种微生物，保证发酵的正常进行。

③ 去除原料的怪杂味，使黄酒的风味纯净。

(2) 蒸煮的质量要求　黄酒酿造采用整粒米饭发酵，并且是典型的边糖化边发酵，醪液浓度高，呈半固态，流动性差。为了使发酵与糖化两者平衡，发酵彻底，便于压榨滤酒，在操作时特别要注意保持饭粒的完整，所以蒸煮时，要求米饭蒸熟蒸透，熟而不糊，透而不烂，外硬内软，疏松均匀。为了检测米饭的糊化程度，可以用刀片切开饭粒，观察饭心，并可进行碘反应试验。

蒸饭时间由米的种类和性质、浸后米粒的含水量、蒸饭设备及蒸汽压力所决定，一般糯米与精白度高的软质粳米，常压蒸煮15～25min；而硬质粳米和籼米，应适当延长蒸煮时间，并在蒸煮过程中淋浇 85℃以上的热水，促进饭粒吸水膨胀，达到更好的糊化效果。

(3) 蒸饭设备　黄酒生产以往一直采用蒸桶间歇常压蒸饭，劳动强度大，生产能力低。目前大多数已采用蒸饭机连续蒸饭。

① 卧式蒸饭机　卧式蒸饭机总长度 8～10m，由两端的鼓轮带动不锈钢孔带回转，或用链轮带动尼龙网带回转。在上层网带上堆积一定层高的米饭，带下方隔成几个蒸汽加热室，室内装有蒸汽管。在蒸饭机尾部设有冷却装置，控制熟饭品温，饭层上方空间可安置淋水管及翻饭装置。网带上米层高度通过下料时的调节板控制，常在 20～40cm 之间，大多为 30cm 左右。整个蒸饭速度可用调速器控制在 30min 以内。

② 立式蒸饭机　立式蒸饭机结构简单、造价便宜，占地面积小，热量利用率高。它由接米口、筒体、气室、菱形预热器及锥形

出口等部分组成。筒体一般用2～3mm的不锈钢板制成，也可用4～5mm的铝板。圆筒直径不能大于1m，筒体上均匀分布2mm的汽孔400～500个。筒体内壁要求光滑，筒体外围有蒸汽夹套。下端的锥形出料口的锥底夹角要求大于70°，使筒体内的米饭层能同步下落，出饭口直径与筒体直径之比为0.5～0.6。为了能适应多品种大米原料的蒸煮，可采用双汽室蒸饭机或立式、卧式结合蒸饭机。

4. 米饭的冷却

米饭蒸熟后必须冷却到微生物生长繁殖或发酵的温度，才能使微生物很好地生长并对米饭进行正常的生化反应。冷却的方法有淋饭法和摊饭法。

（1）淋饭法　在制作淋饭酒、喂饭酒和甜型黄酒及淋饭酒母时，使用淋饭法冷却。该法冷却迅速，冷后温度均匀，并可利用回淋操作，把饭温调节到所需范围。淋饭法冷却能适当增加米饭的含水量，促使饭粒表面光洁滑爽，有利于拌药搭窝，维持饭粒间隙，有利于好氧菌的生长繁殖。糯米原料含水14%左右，浸米后水分达36%～39%。经蒸饭淋水，饭粒含水量可升至60%左右。淋后米饭应沥干余水，否则，根霉繁殖速度减慢，糖化发酵力变差，酿窝浆液浑浊。

（2）摊饭法　将蒸熟的热饭摊放在洁净的竹簟或磨光水泥地面上，依靠风吹使饭温降至所需温度。可利用冷却后的饭温调节发酵罐内物料的混合温度，使之符合发酵要求。摊饭冷却，速度较慢，易感染杂菌和出现淀粉老化现象，尤其是含直链淀粉多的籼米原料，不宜采用摊冷法，否则淀粉老化严重，出酒率会降低。

二、黍米原料处理

1. 烫米

黍米谷皮厚，颗粒小，吸水困难，胚乳淀粉难以糊化，必须先烫米，使谷皮软化开裂，然后浸渍，使水分向内部渗透，促进淀粉松散，以利煮糜。烫米前，黍米用清水洗净，沥干，再用沸水烫米，并快速搅动，使米粒略呈软化，稍微开裂即可，以避免淀粉内容物过多流失，如果烫米不足，煮糜时米粒易爆跳。

2. 浸渍

烫米时随搅拌散热，水温逐降至35～45℃，开始静置浸渍。浸渍时间随气温而变，冬季20～22h，夏季12h左右，春秋季20h左右。

3. 煮糜

煮糜的目的是使黍米淀粉充分糊化呈黏性，并产生焦黄色素和焦米香气，形成黍米黄酒的特殊风格。煮糜时先在铁锅中放入黍米重量二倍的清水并煮沸，渐次倒入浸好的黍米，搅拌翻铲，使糜糊化；也可利用带搅拌的煮糜锅，在0.196MPa表压蒸汽下蒸煮20min，闷糜5min，然后放糜散冷至60℃，再添加麦曲或麸曲，拌匀，堆积糖化。

三、玉米原料处理

1. 浸泡

玉米淀粉结构紧密，难以糖化，应预先粉碎、脱胚、去皮、洗净制成玉米糁，才能用于酿酒。玉米糁子粒度要求在每克30～35个。颗粒小，便于吸水蒸煮。

为了使玉米淀粉充分吸水，可变换浸渍水温使淀粉热胀冷缩，破坏淀粉细胞结构，达到糊化之目的。可先用常温浸泡12h，再升温到50～65℃，保温浸渍3～4h，再恢复常温浸泡，中间换水数次。

2. 蒸煮、冷却

浸后的玉米糁，经冲洗沥干，进行蒸煮，并在圆汽后浇洒沸水或温水，促使玉米淀粉颗粒膨胀，再继续蒸熟为止，然后用淋饭法冷却到拌曲下罐温度，进行糖化发酵。

3. 炒米

炒米的目的是形成玉米酒的色泽和焦香味。把玉米糁总量的1/3，用火加热炒到玉米糁成熟并有褐色焦香时，出锅摊晾，掺入经蒸煮淋冷的玉米饭中，揉和，加曲，加酒母，入罐发酵，下罐品温常在16～18℃。

第二节　发酵

一、摊饭法发酵

摊饭法发酵是黄酒生产常用的一种方法，干型黄酒和半干型黄酒中具有典型代表性的绍兴元红酒及加饭酒等都是应用摊饭法生产的，它们仅在原料配比与某些具体操作上略有调整。摊饭法发酵是传统黄酒酿造的典型方法之一。

1. 工艺流程

摊饭法酿酒工艺流程见图3-1。

2. 摊饭法发酵特点

（1）传统的摊饭法发酵酿酒，常在11月下旬至翌年2月初进行，强调使用“冬浆冬水”，以利于酒的发酵和防止升酸。另外低温长时间发酵，对改善酒的色、香、味都是有利的。

（2）采用酸浆水配料发酵是摊饭法的重要特点。新收获的糯米经过18～20天的浸渍，浆水的酸度达0.5～1g/100mL，并富含生长素等营养物质，对抑制发酵过程中产酸菌的污染和促进酵母生长繁殖极其有利。为了保证成品酒酸度在0.45g/100mL以下，必须把浆水按三分酸浆水加四分清水的比例稀释，使发酵醪酸度保持在0.3～0.35g/100mL，使发酵正常进行，并改善成品酒的风味。

（3）摊饭法发酵前，热饭采用风冷，使米饭中的有用成分得以保留，并把不良气味挥发掉，使摊饭酒的酒体醇厚、口味丰满。

（4）摊饭法发酵以淋饭酒母作发酵剂。由于淋饭酒母是从淋饭酒醅中经认真挑选而来的，其酵母具有发酵力强、产酸低、耐渗透压和酒精含量高的特点，故一旦落缸投入发酵，繁殖速度和产酒能力大增，发酵较为彻底。

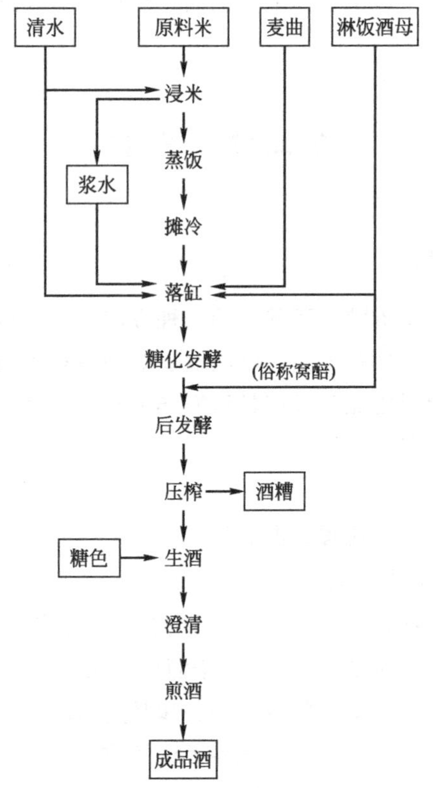

图 3-1 摊饭法酿酒工艺流程

(5) 传统摊饭法发酵采用自然培养的生麦曲作糖化剂。生麦曲所含酶系丰富，糖化后代谢产物种类繁多，给摊饭酒的色、香、味带来益处。

3. 摊饭法发酵操作

蒸熟后的米饭经过摊冷降温到 60～65℃，投入盛有水的发酵缸内，打碎饭块后，依次投入麦曲、淋饭酒母和浆水，搅拌均匀，使缸内物料上下温度均匀，糖化发酵剂与米饭接触良好，防止“烫酿”，造成发酵不良。最后控制落缸品温在 27～29℃，并做好保温工作，使糖化、发酵和酵母繁殖顺利进行。

传统的发酵是在陶缸中分散进行的，有利于发酵热量的散发和进行开耙。物料落缸后，便开始糖化发酵，前期主要是增殖酵母细胞，品温上升缓慢。投入的淋饭酒母，由于醪液稀释而酵母浓度仅在 1×10^7 个/mL 以下，但由于加入了营养丰富的浆水，淋饭酒母中的酵母菌从高酒精含量的环境转入低酒精含量的环境后，生长繁殖能力大增，经过十多小时，酵母浓度可达 5×10^8 个/mL 左右，即进入主发酵阶段，此时温度上升较快。由于二氧化碳气的冲力，使发酵醪表面积聚一厚层饭层，阻碍热量的散发和新鲜氧的进入。必须及时开耙（搅拌），控制酒醅的品温，促进酵母增殖，使酒醅糖化、发酵趋于平衡。开耙时以饭面下 15～20cm 缸心温度为依据，结合气温高低灵活掌握。开耙温度的高低影响成品酒的风味，高温开耙（头耙在 35℃以上），酵母易于早衰，发酵能力不会持久，使酒醅残糖含量增多，酿成的酒口味较甜，俗称热作酒；低温开耙（头耙温度不超过 30℃），发酵较完全，酿成的酒甜味少而辣口，俗称冷作酒。摊饭法发酵开耙温度的控制情况见表 3-1。

表 3-1 摊饭法发酵开耙温度的控制情况

项目	头耙	二耙	三耙
间隔时间/h	落缸后 20	3～4	3～4
耙前温度/℃	35～37	33～35	30～32
室温/℃	10 左右	10 左右	10 左右

开头耙后品温一般下降 4～8℃，以后，各次开耙的品温下降较少。头耙、二耙主要依据品温高低进行开耙，三耙、四耙则主要根据酒醅发酵的成熟程度来进行，四耙以后，每天捣耙 2～3 次，直至品温接近室温。一般主发酵在 3～5 天结束。为了防止酒精过多地挥发损失，应及时灌坛，进行后发酵。这时酒精含量一般达 13%～14%。

后发酵使一部分残留的淀粉和糖分继续糖化发酵，转化为酒精，并使酒成熟增香。一般后发酵 2 个月左右。从主发酵缸转入后发酵酒坛，醪液由于翻动而接触了新鲜氧气，使原来活力减弱的酵母又重新活跃起来，增强了后发酵能力。因为后发酵时醪液处于静止状态，热量散发困难，所以，要用透气性好的酒坛作容器，促使热量散发，并能使酒醅保持微量的溶解氧（在后发酵期间，应保持每小时每克酵母溶解氧 0.1mg），使酵母仍能保持活力，几十天后，酒醅中存活的酵母浓度仍可达（4～6）$\times 10^8$ 个/mL。后发酵的品温常随自然温度而变化。所以，前期气温较低的酒醅应堆在温暖的地方，以加快后发酵的速度；在后期气温转暖时的酒醅，则应堆在阴凉的地方，防止温度过高，一般以控制室温在 20℃以下为宜，否则易引起酒醪的升酸。

二、喂饭法发酵

喂饭法发酵是将酿酒原料分成几批，第一批先做成酒母，在培养成熟阶段，陆续分批加入新原料，起扩大培养、连续发酵的作用，使发酵继续进行的一种酿酒方法，类同于近代酿造学上的递加法。喂饭法发酵可使产品风味醇厚，出率提高，酒质优美，不仅适合于陶缸发酵，也很适合大罐发酵生产和浓醪发酵的自动开耙。

1. 工艺流程图

喂饭法酿酒工艺流程见图 3-2。

2. 喂饭法发酵的主要特点

(1) 酒药用量少，仅是用作淋饭酒母原料的 0.4%～0.5%，对整个酿酒原料来讲，其比例更微。酒药内含量不高的酵母，在淋饭酒醅中得到扩大培养、驯养、复壮，并迅速繁殖。

(2) 由于多次喂饭，酵母能不断获得新鲜营养，并起到多次扩大培养的作用，酵母不易衰老，新细胞比例高，发酵力始终很旺盛。

(3) 由于多次喂饭，醪液在边糖化边发酵过程中，从稠厚转变为稀薄，同时酒醅中不会形成过高的糖分，而影响酵母活力，仍可以生成较高含量的酒精，出酒率也较其他方法高，可达 270%左右。

(4) 多次投料连续发酵，可在每次喂饭时调节控制饭水的温

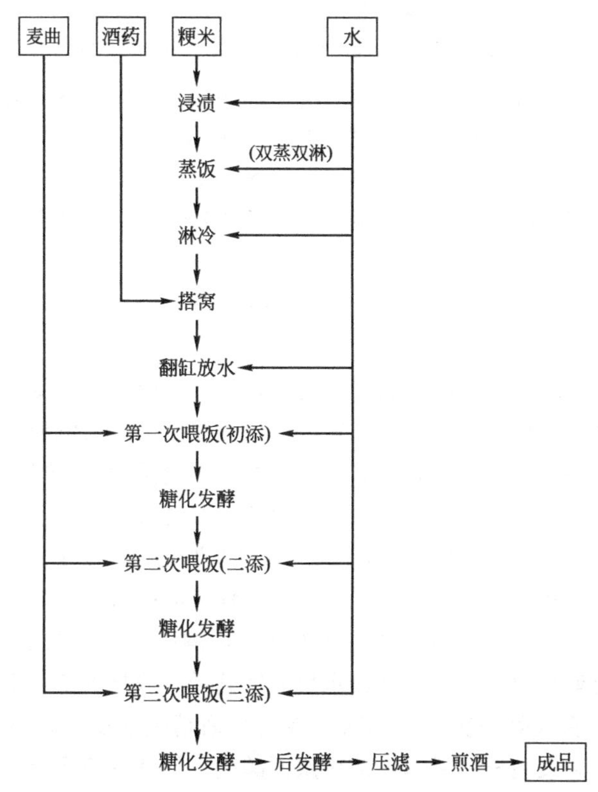

图 3-2 喂饭法酿酒工艺流程

度，增强了发酵对气候的适应性。由于喂饭法发酵使主发酵时间延长，酒醅翻动剧烈，有利于新工艺大罐发酵的自动开耙，使发酵温度易于掌握，对防止酸败有一定的好处。

3. 喂饭法发酵操作

(1) 喂饭法中的酿缸实际就是淋饭酒母，其功用是以米饭作培养基，繁殖根霉菌，以产生淀粉酶，再以淀粉酶水解淀粉产生糖液培养酒母；同时根霉、毛霉产生一定量的有机酸，合理调节发酵醪的 pH 值。根霉、犁头霉、念珠霉的滋生，也有一定的产酯能力，形成酒酿特有的香气。因此，酒酿具有米曲和酒母的双重作用，故考察酿缸质量应从淀粉酶和酵母活性两方面考虑。

粳米喂饭法发酵的要点是“双淋双蒸，小搭大喂”。粳米原料经浸渍吸足水分后，进行蒸饭，“双淋双蒸”是粳米蒸饭的质量关键，所谓“双淋”即在蒸饭过程中两次用40℃左右的温水淋洒米饭抄拌均匀，使米粒吸足水分，保证糊化。“双蒸”即同一原料经过两次蒸煮，要求米饭熟而不烂。然后淋冷，拌入原料量0.4%～0.5%的酒药搭窝，并做好保温工作，经18～22h开始升温，24～36h温度有回降时出现酿液，此时品温约29～33℃，以后酿液逐渐增多，趋于成熟。

一般来说，酿液清，酒精含量低，酸度低时，它的淀粉酶活性高，反之活性低。因此，从淀粉酶的活性要求看，要酿液酒精含量低、糖度高、酸度低的较好；但要求酵母细胞数多，发酵力强时，一般酿液品温较高，泡沫多，呈乳白色，酒精含量、酸度也较高。

酿缸中浆液酵母的浓度因各种原因而波动于（0.1～3）$\times 10^8$个/mL，酒药中酵母数的多少、酒药接种量的高低、米饭蒸煮时饭水的量、糖液浓度和温度的高低等都会影响酵母细胞浓度的变化。如果酿液酵母数过少，翻缸放水后温度偏低，酵母繁殖特别慢；在主发酵前期（第一次、第二次喂饭后）酒精生成少，糖分过于积累，容易导致主发酵后期杂菌繁殖而酸败；如酿液酵母数较多，则翻缸放水后，酵母迅速繁殖和发酵，使主发酵时出现前期高温，促使酵母早衰。一般酿液酵母浓度在1×10^8个/mL左右为好。另外，酿缸培养时间短的，酵母繁殖能力强；培养时间长的，酵母比较老，繁殖能力相对减弱。培养时间过长，还会使酵母有氧呼吸所消耗的糖分增加，而降低原料出酒率。可把传统的搭窝2～3天，待甜浆满到2/3缸时放水转入主发酵，改变成搭窝30h就放水转入主发酵，以减少有氧糖代谢比例而提高出酒率。

因此，淀粉酶活性的大小，酒酿糖浓度的高低，酵母细胞数的多少，酵母繁殖能力的强弱，都直接影响整个喂饭法发酵，特别是使用大罐进行喂饭法发酵时，由于投料量多，醪容量大，以上因素的影响更为显著。

（2）喂饭法发酵一般在搭窝 48～72h 后，酿液高度已达 2/3 的醅深，糖度达 20%以上，酵母数在 1×10^8 个/mL 左右，酒精含量在 4%以下，即可翻转酒醅并加入清水。加水量控制每 100kg 原料总醪量为 310%～330%。翻缸 24h 后，可分次喂饭，加曲进行发酵，并应注意开耙。

喂饭次数是三次最佳，其次是二次。酒酿原料：喂饭总原料为 1∶3 左右，第一次至第三次喂饭的原料比例分配为 18%、28%、54%，喂饭量逐级提高，有利于发酵和酒的质量。

利用酒酿发酵可以提供一定量的有机酸和形成酯的能力，可以调节 pH 值，提高原料利用率。但酒酿原料比例过大，有机酸和杂质过多，会给黄酒带来苦涩味和异杂味，所以，必须有一个合适的比例。如果一次喂饭，喂饭比例又高，必然会冲淡酸度，降低醪液的缓冲能力，使 pH 值升高，对发酵前期抑制杂菌不利，容易发生酸败。若喂饭次数过多，第一次与最末次喂饭间隔过长，不但淀粉酶活性减弱，酵母衰老，而且长时间处于较高品温下，也会造成酸败，所以，三次喂饭较为合理，这种多次喂饭，使糖化发酵总过程延长，热量分步散发，有利于品温的控制。同时分次喂饭和分次下水，可以利用水温来调节品温，整个发酵过程的温度易于控制。多次喂饭，可以减少酿缸的用量，扩大总的投料量，在减少设备数量下提高产量。

喂饭各次所占比例，应前小后大。由于前期主要是酵母的扩大培养，故前期喂饭少，使醪液 pH 值较低，开耙搅拌容易，温度也易控制，对酵母生长繁殖是有利的，后期是主发酵作用，有了优质的酵母菌，保证了它在最末次喂饭后产生一个发酵高峰期，使发酵完善彻底，所以，要求喂饭法发酵做到小搭大喂、分次续添、前少后多。

加曲量按每次喂饭原料量的 8%～12%在喂饭时加入。用于弥补发酵过程中的淀粉酶不足，并增添营养物质供酵母利用。由于麦曲带有杂菌，因此，不宜过早加入，防止杂菌提前繁殖，杂菌主要是生酸杆菌和野生酵母。喂饭法发酵的温度应前低后高，缓慢上升，最末次喂饭后，出现主发酵高峰。前期控制较低温度，有利于增强酵母的耐酒精能力和维持淀粉酶活性，在低 pH 值，较低温度下，更有利于抑制杂菌，但到主发酵后期，由于酵母浓度已很高，并有一定的酒精浓度，所以，在主发酵后期出现温度高峰也不致轻易造成酸败。

喂饭时间间隔以 24h 为宜，在整个喂饭法发酵过程中，酒醅 pH 值变化不大，维持在 4.0 左右，很有利于酵母的生长繁殖和发酵，而不利于生酸杆菌的繁殖。

最后一次喂饭 36～48h 以后，酒精含量达 15%以上。如敞口时间过长，酒精挥发损失较多，酵母也逐趋衰老，抑制杂菌能力减弱，因此，可以灌醅或转入后发酵罐，在 15℃以下发酵。

三、黄酒大罐发酵和自动开耙

传统黄酒生产是用大缸、酒坛作发酵容器的，容量小，占地多，质量波动大，劳动强度高，后来在传统工艺的基础上改进大容器发酵，克服了缸、坛发酵的缺点，并为黄酒机械化奠定了基础。

大罐发酵新工艺生产基本上实行机械化操作，原料大米经精白除杂，通过气力输送送入浸米槽或浸米罐，为计量方便，常采用一个前发酵罐的投料米浸一个浸米罐（池），控温浸米 24～72h 使米吸足水分，再经卧式或立式蒸饭机蒸煮，冷却，入大罐发酵，同时加入麦曲、纯种酒母和水，进行前发酵 3～5 天后，醅温逐步下降，接近室温，用无菌空气将酒醪压入后发酵罐，在室温 13～18℃下静置后酵 20 天左右，再用板框压滤机压滤出酒液，经澄清、煎酒、灌装、储陈为成品酒。其发酵所用麦曲可以用块曲、爆麦曲、纯种生麦曲，并适当添加少量酶制剂。整个生产过程基本上实现了机械化。

1. 工艺流程图

大罐发酵工艺流程见图 3-3。

2. 大罐发酵的基本特点及自动开耙的形成

大罐发酵具有容积大、醅层深、发热量大而散热难、厌氧条件

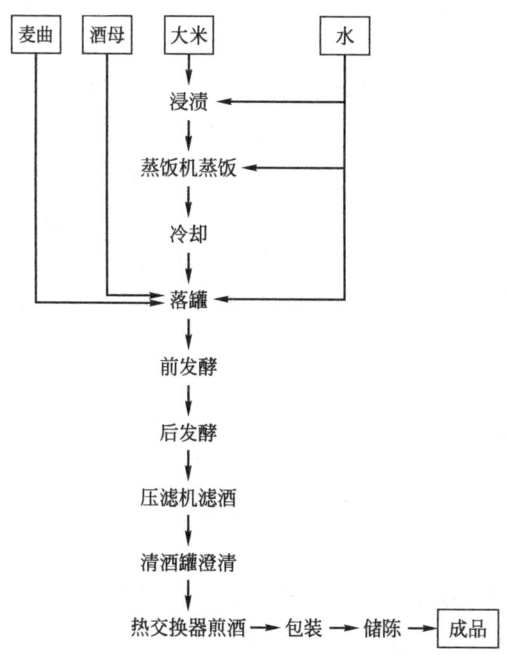

图 3-3 大罐发酵工艺流程

好、二氧化碳气集中等特点。

传统大缸容积不到 1m³，醅层深度 1m 左右，而目前国内最大的前发酵罐容积已达 45～50m³，醪液深度有 9～10m，成为典型的深层发酵。传统大缸、酒坛的容积小而表面积大，发酵时每缸每坛酒醅发出的热量少，主要通过搅拌使醪液与冷空气接触及通过容器壁散发热量，所以，在传统大缸发酵时，开耙尤其重要。而大罐发酵时，因酒醪容积大，表面积小，发酵热量产生多而散发困难，光靠表面自然冷却无法控制适宜的发酵品温，必须要有强制冷却装置才能够去废热，并且大罐发酵的厌氧条件也因容积大、醉层深而大为加强，这种状况在静置后发酵时尤其突出。开耙问题是大罐发酵的关键所在，继续采用人工开耙是不可能的，必须设法利用醪液自己翻动来代替人工开耙，才能使大罐发酵安全地进行下去。当米饭、麦曲、酒母和水混匀落罐后，由于酵母呼吸产生的二氧化碳的上升力，使上部物料显得厚而下部物料含水较多，经过 8～10h 糖化及酵母繁殖，酵母细胞浓度上升到（3～5）×10^8 个/mL，发酵作用首先在厌氧条件较好的底部旺盛起来。由于底部物料开始糖化发酵较早，醪液较早变稀，流动性较好，在酵母产生的二氧化碳气体的上浮冲力作用下，底部醪液较早地开始翻腾，随着发酵时间的推移，酒醅翻腾的范围逐步向上扩展。落罐后 10～14h，酒醅上部的醪盖被冲破，整个醪液全部自动翻腾，这时醪液品温正好达到传统发酵的头耙温度，在 33～35℃之间。以后醪液一直处于翻腾状态，直到主发酵阶段结束。同时，为了较快地移去发酵产生的热量，不使醪液品温升高，必须进行人工强制冷却，调节发酵温度。醪液自动翻腾代替了人工搅拌开耙，同样达到调温、散热，排除二氧化碳，吸收新鲜氧气的作用，人们称之为黄酒大罐发酵的“自动开耙”。

自动开耙的难易与多种因素有关。首先是醅层厚度，由于醪液翻动主要依靠发酵产生的二氧化碳气体的拖带作用引起的，所以，醅层越厚，二氧化碳越集中，产生的拖带力就越大，翻腾越剧烈。同时，由于醅层加厚，上下部之间的醪液温差，相对密度差加大，更促进了醪液的对流，加速了醪液的翻腾。其次，酿酒原料的不同也影响自动开耙的进行。粳米原料醅层厚度大于 3m 就能翻腾，糯米原料需 6m 以上醅层才自动翻腾，而籼米原料比粳米原料较容易翻动，醅层厚度可以降低。因为糯米糖化后，易形成醪盖，使自动开耙的阻力加大，因而，罐的高度需增加，使二氧化碳的上浮冲击力加大，而籼米则相反。

另外，原料浸渍度的高低、蒸饭熟度、糖化剂的酶活性、落罐工艺条件等都会影响自动开耙的难易程度。

如果落罐后 15～16h 不自动翻腾或醪液品温已升至 35℃仍难翻动时，必须及时用压缩的无菌空气通入罐底，强制开耙，以确保酒醅正常发酵。

自动开耙仅与罐的高度有主要关系，而与罐径无直接关系，因此，黄酒发酵大罐设计时，常设计成瘦长形。罐径主要与控制醪液品温有关，大罐发酵的热量交换主要靠周围罐壁的冷却装置来实现，而不是靠醅层顶面向空气中散发热量进行降温，所以，在设计时要考虑罐径大小对热量交换的影响。

黄酒大罐常是普通钢板（A3）制成，内加无毒涂料，加之容积大、表面积小，故而厌氧条件比传统的陶缸、酒坛好，酒精的挥发损失也少，出酒率较高。但用大罐进行后发酵，由于酒醪基本处于静止状态，由发酵产生的热量较难从中心部位向外传递散发，以及由于酵母处于严重缺氧的情况下，活性降低而与生酸菌之间失去平衡，常常易发生后酵升酸。因此，主发酵醪移入后发酵大罐后，要加强温度、酸度、酒度变化的检测工作，并适时通氧散热，维持酵母的活性，避免后发酵升酸现象的发生。在大罐前发酵过程中，必须加强温度管理，经常测定品温，随时加以调整。前发酵品温变化情况见表 3-2，前发酵期酒精含量与酸度的变化见表 3-3。

表 3-2　前发酵品温变化情况

时间/h	落罐	0～10	10～24	24～36	36～48	48～60	60～72	72～84	84～96	输醪
品温/℃	22～24	25～30	30～33	33～30	30～25	25～23	23～21	21～20	<20	12～15

表 3-3　前发酵期酒精含量与酸度的变化

发酵时间/h	24	48	72	96
酒精含量/%	>7.5	>9.5	>12	>14.5
酸度/(g/100mL)	<0.25	<0.25	<0.25	<0.35

3. 发酵罐

(1) 前发酵罐　前发酵罐有瘦长形和矮胖形两种，以前者较普遍，因为它有利于醪液对流和自动开耙，并且占地面积较小。前发酵罐容积按单位质量投料量的三倍体积计算，即每公斤原料需 3L 的体积。罐体圆柱部分的直径 D 与高度 H 之比约为 1∶2.5。材料大多采用 8mm 的 A3F 碳钢板制作，内涂生漆或其他涂料，防止铁与酒醪的直接接触，影响酒的色泽、风味和稳定性。

前发酵罐冷却装置有列管内冷却、夹套外冷却和外围导向带式冷却，其中夹套外冷却的冷却面积较大，冷却速度较快，但冷却水利用率较低。也可采用三段夹套式冷却，分段控制进水量，以便按不同要求控制发酵液温度。目前趋向采用外围导向冷却，它能合理地利用冷却水，冷却面积比夹套式少，冷却速率稍低。

（2）后发酵罐　后发酵罐主要用于进行长时间缓慢后发酵，进一步转化淀粉和糖分为酒精，促使酒液成熟。由于发酵慢，时间长，所以，后发酵罐的数量和总容积远比前发酵罐多，后发酵罐一般为瘦长形圆柱锥底直立罐，可用4mm不锈钢板或6～8mmA3F碳钢板制造，但碳钢罐制好后要内涂生漆或其他防腐无毒涂料，其单位投料量所占的容积可按前发酵醪容积的0.9倍计算。后发酵醪的品温控制有三种方法，一是罐内列管冷却，对降低中心部位醪液的品温较容易；二是外围导向冷却，若要迅速降低酒醪中心部位品温，应与无菌空气搅拌相结合；三是后发酵室空调降温，效果好而耗冷量大，成本较高。后发酵时，一般是两罐前发酵醪合并为一罐后发酵醪进行发酵，另一种方法是一罐罐的将前发酵醪用酒泵移入后发酵罐进行发酵。前发酵罐和后发酵罐应分别安放在前、后发酵室内，用酒泵进行输送。后发酵室温应比前发酵低，常在18℃以下，后发酵醪品温控不得超过18℃，以防止后发酵过程中发生升酸现象。

四、抑制式发酵和大接种量发酵

半甜型黄酒（善酿酒、惠泉酒）、甜型黄酒（香雪酒、封缸酒）要求保留较高的糖分和其他成分，它们是采用以酒代水的方法酿制的酒中之酒。

酒精既是酵母的代谢产物，又是酵母的抑制剂，当酒精含量超过5%时，随着酒精含量的提高，抑制作用愈加明显，在同等条件下，淀粉糖化酶所受的抑制相对要小。配料时以酒代水，使酒醪在开始发酵时就有较高的酒精含量，对酵母形成一定的抑制作用，使发酵速度减慢甚至停止，使淀粉糖化形成的糖分（以葡萄糖为主）

不能顺利地让酵母转化为酒精；加之配入的陈年酒芬芳浓郁，故而半甜型黄酒和甜型黄酒不但残留的糖分较多，口味醇厚甘甜，而且具有特殊的芳香。这就是抑制式发酵生产黄酒。

1. 利用抑制式发酵生产半甜型黄酒

绍兴善酿酒是半甜型黄酒的代表，要求成品酒的含糖量在3%～10%之间，它是采用摊饭法酿制而成。在米饭落缸时，以陈年元红酒代水加入，故而发酵速度缓慢，发酵周期延长。为了维持适当的糖化发酵速度，配料中增加块曲和酒母的用量，并且添加酸度为 0.3～0.5g/100mL 的浆水，用以强化酵母营养与调和酒味，由于开始发酵时酒醪中已有 6%以上的酒精含量，酵母的生长繁殖受到阻碍，发酵进行得较慢。要求落缸品温控制稍高 2～3℃，一般在 30～31℃，并做好保温工作，常被安排在不太冷的时候酿制。

米饭落缸后 20h 左右，随着糖化发酵的进行，品温略有升高，便可开耙。耙后品温可下降 4～6℃，应该注意保温，又过十多小时，品温又恢复到 30～31℃，即开二耙，以后再继续发酵数小时开三耙，并开始做好降温措施，此后要注意捣冷耙降温，避免发酵太老，糖分降低太多。一般发酵 3～4 天，便灌醅后发酵，经过 70 天左右可榨酒。

2. 应用大接种量方法生产半甜型黄酒

惠泉酒是半甜型黄酒，它是利用新工艺大罐发酵生产而成。原料糯米经精米机精白后，用气力输送分选，整粒精白米入池浸渍达到标准浸渍度，经淘洗后进入连续蒸饭机蒸煮，冷却，米饭落罐时，配入原料米重 120%的陈年糯米酒、4%的远年糟烧酒或高纯度酒精、18%的麦曲（加强糖化作用）及经 48h 发酵的老酒醅 1/2 罐，相当于酒母接种量达到 100%，在大罐中进行糖化发酵 4 天，然后用空气将醪液压入后发酵大罐，后发酵 36 天左右，检验符合理化指标后，进行压榨、消毒、包装，储存 3 年以上即为成品酒。

该工艺中，曲量增加主要为了提高糖化能力以便使淀粉尽量转化为糖分。考虑到当醪液酒精含量超过 6%时，酵母难以繁殖，因此，采用高比例酒母接种使酵母在开始发酵时就具有足够的浓度，保证缓慢发酵的安全进行，维持一定的发酵速度，这是既节约又保险的措施。同样，酵母的发酵受到酒精的抑制作用，使酒醪中残存下部分糖分。采用陈年糯米黄酒和少量糟烧，一方面为了使酒醅在发酵开始时就存在一定含量的酒精，另一方面也给黄酒增加色、香、味，使惠泉酒色呈黄褐，香气芬芳馥郁，甘甜爽口有余香。

3. 甜型黄酒的抑制式发酵

含糖分在10%以上的黄酒称为甜型黄酒。甜型黄酒一般都采用淋饭法酿制，即在饭料中拌入糖化发酵剂，当糖化发酵到一定程度时，加入40%～50%的白酒，抑制酵母菌的发酵作用，以保持酒醅中有较高的含糖量。同时，由于酒醅加入白酒后，酒精含量较高，不致被杂菌污染，所以，生产不受季节的限制。甜型黄酒的抑制性发酵作用比半甜型黄酒的更强烈，酵母的发酵作用更加微弱，故保留的糖分更多，酒液更甜。

香雪酒是甜型黄酒的一种，它首先采用淋饭法制成酒酿，再加麦曲继续糖化，然后加入白酒（酒糟蒸馏酒）浸泡，再经压榨、煎酒而成。酿制香雪酒时，关键是蒸饭要达到熟透不糊，酿窝甜液要满，窝内添加麦曲（俗称窝曲）和投酒必须及时。

首先，米饭要蒸熟，糊化透，吸水要多，以利于淀粉被糖化为糖分，但若米饭蒸得太糊太烂，不但淋水困难，搭窝不疏松，影响糖化菌生长繁殖，而且糖化困难，糖分形成少，窝曲是为了补充淀粉糖化酶量，加强淀粉的继续糖化，同时也赋予酒液特有的色、香、味。窝曲后，为防止酒醅中酵母大量繁殖并形成强烈的酒精发酵，造成糖分消耗，所以，在糖化到一定程度时，必须及时投入白酒来提高酒醅的酒精含量，强烈抑制酵母的发酵作用。白酒投入一定要适时，一般掌握在酿窝糖液满至90%，糖液口味鲜甜时，投入麦曲，充分拌匀，保温糖化12～14h，待固体部分向上浮起，形成醪盖，下面积聚10多厘米醪液时，便可投入白酒，充分搅拌均匀，加盖静置发酵1天，即灌醅转入后发酵。白酒投入太早，虽然糖分会高些，但是麦曲中酶的分解作用没能充分发挥，使醅醪黏厚，造成压榨困难，出酒率降低，酒液生麦味重等弊病；白酒添加太迟，则酵母的酒精发酵过度，糖分消耗太多，酒的鲜味也差，同样影响成品质量。所以，要选择糖化已进行得差不多，酵母已开始进行酒精发酵，其产生的二氧化碳气已能使固体醅层上浮，而还没进入旺盛的酒精发酵时投入白酒，迅速抑制酵母菌的发酵作用，使醪液残留较高的糖分。

香雪酒的后发酵时间长达 4～5 个月之久。在后发酵中，酒精含量会稍有下降，因为酵母的酒精发酵能力被抑制得很微弱或处于停滞状态，而后发酵时酒精成分仍稍有挥发，致使酒精含量略有降低。后发酵中，淀粉酶的糖化作用虽被钝化，但并没全部破坏，淀粉水解为糖分的生化反应仍在缓慢地进行，故而糖度、酸度仍有增加。酒醅中的酵母总数在后发酵前半时期仍有 1×10^8 个/mL 左右，细胞芽生率在 5%～10%，这充分表明黄酒酵母是具有较强的耐酒精能力。

经后发酵后，酒液中的白酒气味已消失，各项理化指标已合格时，便进行压滤。由于甜型黄酒酒精含量、糖度都较高，无杀菌必要，但煎酒可以凝结酒液中存在的胶体物质，使之沉淀，维持酒液的清澈透明和酒体的稳定性。所以，可进行短时间杀菌。

第三节　压滤、澄清

一、压滤

压滤操作包括过滤和压榨两个阶段。压滤以前，首先应该检测后发酵酒醅是否成熟，以便及时处理，避免发生“失榨”现象。

1. 酒醅成熟的检测

酒醅的成熟与否，可以通过感官检测和理化分析来鉴别。

（1）酒色　成熟的酒醪应糟粕完全下沉，上层酒液澄清透明，色泽黄亮。若色泽淡而混浊，说明成熟不够或已变质。如酒色发暗，有熟味，表示由于气温升高而发生“失榨”现象，即没有及时压滤。

（2）酒味　成熟的酒醅酒味较浓，爽口略带苦味，酸度适中，如有明显酸味，表示应立即进行压滤。

（3）酒香　应有正常的酒香气而无异杂气味。

（4）理化检测　成熟的酒醅，通过化验酒精含量已达指标并不再上升，酸度在0.4g/100mL左右，并开始略有升高的趋势时，经品尝，基本符合要求，可以认为酒醅已成熟，即可压滤。

2. 压滤的基本原理和要求

黄酒酒醅具有固体部分和液体部分密度接近，黏稠成糊状，滤饼是糟板，需要回收利用，因而不得添加助滤剂等特点。它不能采用一般的过滤、沉降方法取出全部酒液，必须采用过滤和压榨相结合的方法来完成固、液的分离。

黄酒酒醅的压滤过程一般分为两个阶段，开始酒醅进入压滤机时，由于液体成分多，固体成分少，主要是过滤作用，称为“流清”。随着时间延长，液体部分逐渐减少，酒糟等固体部分的比例增大，过滤阻力愈来愈大，必须外加压力，把酒液从黏湿的酒醅中榨出来，这就是压榨或榨酒阶段。

无论是过滤还是压榨过程，酒液流出的快慢基本符合过滤公式，即液体分离流出速度与滤液的可透性系数、过滤介质两边的压差及过滤面积成正比，而与液体的黏度、过滤介质厚度成反比。因此，在酒醅压滤时，压力应缓慢加大。才能保证滤出的酒液自始至终保持清亮透明，故黄酒的压滤过程需要较长的时间。

压滤时，要求滤出的酒液要澄清，糟板要干燥，压滤时间要短，要达到以上要求，必须做到以下几点。

① 过滤面积要大，过滤层薄而均匀。

② 滤布选择要合适，既要流酒爽快，又要使糟粕不易粘在滤布上，要求糟粕易于和滤布分离。另外要考虑吸水性能差，经久耐用等。在传统的木榨压滤时，都采用生丝绸袋，而现在的气膜式板框压滤机，常使用36号锦纶布作滤布。

③ 加压要缓慢，不论何种形式的压滤，开始时应让酒液依靠自身的重力进行过滤，并逐步形成滤层，待清液流速因滤层加厚，

过滤阻力加大而减慢时，才逐级加大压力，避免加压过快。最后升压到最大值，维持数小时，将糟板榨干。

3. 压滤设备

黄酒压滤传统上是利用笨重的杠杆式木榨床，目前已普遍采用气膜式板框压滤机，该机由机体、液压两部分组成。机体两端由支架和固定封头定位，靠滑杆和拉杆连为一体。滑杆上安放 59 片滤板及一个活动封头，由油泵电动换向阀和油箱管道油压系统所组成。压滤板数共 59 片，其中滤板数为 30 片，压板数为 29 片。滤板直径 820mm，有效过滤直径为 757mm，每片过滤面积为 $0.9m^2$，滤框容积为 $0.33m^3$，每台总进醅量为 2.5t，操作压力 0.686～0.784MPa，压滤机最大推力 16.5t，活塞顶杆最大行程 210mm，单机每 12h 滤出酒液 1.35～1.4t，滤饼含湿量＜50%。以上是 BKAY54/820 型压滤机的特性，只要生产能力确定，可以选择使用不同型号的压滤机。

二、澄清

压滤流出的酒液称为生酒，应集中到澄清池（罐）内让其自然沉淀数天，或添加澄清剂，加速其澄清速度，澄清的目的如下。

① 沉降出微小的固形物、菌体、酱色中的杂质。

② 让酒液中的淀粉酶、蛋白酶继续对淀粉、蛋白质进行水解，变为低分子物质。例如糖分在澄清期间，每天可增加 0.028%左右的糖分，使生酒的口味由粗辣变得甜醇。

③ 澄清时，挥发掉酒液中部分低沸点成分，如乙醛、硫化氢、双乙酰等，可改善酒味。

经澄清沉淀出的“酒脚”，其主要成分是糊精、纤维素、不溶性蛋白、微生物菌体、酶及其他固形物质。

在澄清时，为了防止发生酒液再发酵出现泛浑及酸败现象，澄清温度要低，澄清时间也不宜过长，一般在 3 天左右。澄清设备可采用地下池，或在温度较低的室内设置澄清罐，以减少气温波动带来的影响。要认真搞好环境卫生和澄清池（罐）、输酒管道的消毒灭菌工作，防止酒液染菌生酸。每批酒液出空后，必须彻底清洗灭菌，避免发生上、下批酒之间的杂菌感染。经数天澄清，酒液中大部分固形物已被除去，可能某些颗粒极小，质量较轻的悬浮粒子还会存在，仍能影响酒液的清澈度，所以，澄清后的酒液还需通过棉饼、硅藻土或其他介质的过滤，使酒液透明光亮，现代酿酒工业已采用硅藻土粗滤和纸板精滤来加快酒液的澄清。

第四节　煎酒、包装、储存

一、煎酒

把澄清后的生酒加热煮沸片刻，杀灭其中所有的微生物，以便于储存、保管，这一操作过程称它为“煎酒”。

1. 煎酒目的

① 通过加热杀菌，使酒中的微生物完全死亡，破坏残存酶的活性，基本上固定黄酒的成分。防止成品酒的酸败变质。

② 在加热杀菌过程中，加速黄酒的成熟，除去生酒杂味，改善酒质。

③ 利用加热过程促进蛋白质和其他胶体物质的凝固，使黄酒色泽清亮，并提高黄酒的稳定性。

2. 煎酒温度选择

目前各厂的煎酒温度均不相同，一般在 85℃左右。煎酒温度与煎酒时间、酒液 pH 值和酒精含量的高低都有关系。如煎酒温度高，酒液 pH 值低，酒精含量高，则煎酒所需的时间可缩短，反之，则需延长。

煎酒温度高，能使酒的稳定性提高，但随着煎酒温度的升高，酒液中尿素和乙醇会加速形成有害的氨基甲酸乙酯。据测试，氨基甲酸乙酯主要在煎酒和储存过程中形成。煎酒温度愈高，煎酒时间愈长，则形成的氨基甲酸乙酯愈多（表 3-4）。

表 3-4 黄酒灭菌温度和时间对氨基甲酸乙酯形成的影响

灭菌温度/℃	90			80			70		
灭菌时间/min	10	20	30	10	20	30	10	20	30
氨基甲酸乙酯/(ng/L)	49.1	51.3	94.8	27.2	33.6	34.4	17.9	20.1	20.2

注：黄酒试样中尿素含量为 60mg/L。

同时，由于煎酒温度的升高，酒精成分的挥发损耗加大，糖和氨基化合物反应生成的色素物质增多，焦糖含量上升，酒色会加深。因此，在保证微生物被杀灭的前提下，适当降低煎酒温度是可行的。这样，可使黄酒的营养成分不致破坏过多，生成的有害副产物也可减少，日本清酒仅在 60℃下杀菌 2～3min。我国黄酒的煎酒温度普遍在 83～93℃。要比清酒高得多。在煎酒过程中，酒精的挥发损失约 0.3%～0.6%，挥发出来的酒精蒸气经收集、冷凝成液体，称作“酒汗”。酒汗香气浓郁，可用作酒的勾兑或甜型黄酒的配料。

3. 煎酒的设备

常采用蛇管、套管、列管和薄板等换热器作为黄酒的煎酒设备。目前，大部分黄酒厂已开始采用薄板换热器进行煎酒，薄板换热器高效卫生，如果采用两段式薄板热交换器，还可利用其中的一段进行热酒冷却和生酒的预热，充分利用热量。

要注意煎酒设备的清洗灭菌，防止管道和薄板结垢，阻碍传热，甚至堵塞管道，影响正常操作。

二、包装

灭菌后的黄酒，应趁热灌装，入坛储存。因酒坛具有良好的透气性，对黄酒的老熟极其有利。黄酒灌装前，要做好酒坛的清洗灭菌，检查是否渗漏。黄酒灌装后，立即扎紧封口，以便在酒液上方形成一个酒气饱和层，使酒气冷凝液回到酒液里，造成一个缺氧，近似真空的保护空间。

传统的绍兴黄酒，常在封口后套上泥头，用来隔绝空气中的微生物，使其在储存期间不能从外界侵入酒坛内，并便于酒坛的堆积储存，减少占地面积。目前部分泥头已用石膏代替，使黄酒包装显得卫生美观。

三、储存

新酒成分的分子活度较大，很不稳定，因此，其口味粗糙欠柔和，香气不足缺乏协调，必须经过储存，促使黄酒老熟，因此，常把新酒的储存过程称为“陈酿”。普通黄酒要求陈酿 1 年，名、优黄酒要求陈酿 3～5 年。经过储存，黄酒的色、香、味及其他成分都会发生变化，酒体变得醇香、绵软，口味协调，在香气和口味各方面与新酒大不一样。

1. 黄酒储存过程中的变化

（1）色的变化　通过储存，酒色加深，这主要是酒中的糖分和氨基化合物（以氨基酸为主）相结合，发生氨基-羰基反应，形成类黑精所致。酒色变深的程度因黄酒的含糖量、氨基酸含量、pH 值高低而不同。甜型黄酒、半甜型黄酒因含糖分多而色泽容易加深；加麦曲的酒，因蛋白质分解力强，代谢的氨基酸多而比不加麦曲的酒的色泽深；储存时温度高，时间长，酒液 pH 值高，酒的色泽也就深。储存期间，酒色加深是老熟的一个标志。

（2）香的变化　黄酒的香气是酒液中各种挥发性成分对嗅觉的综合反应。黄酒香气主要在发酵过程中产生，酵母的酯化酶催化酰基辅酶与乙醇作用，形成各种酯类物质，如乙酸乙酯、乳酸乙酯、琥珀酸乙酯等。另外，在发酵过程中，除产生乙醇外，还形成各种挥发性和非挥性的代谢副产物，包括高级醇、醛、酸、酮、酯等，这些成分在储存过程中，发生氧化反应、缩合反应、酯化反应，使黄酒的香气得到加强，趋向协调。另外，原料和麦曲也会增加某些香气。大曲在制曲过程中，经历高温化学反应阶段，生成各种不同类型的氨基、羰基化合物，带入黄酒中去，增添了黄酒的香气。在储存阶段，酸类和醇类也能发生缓慢的化学反应，使酒的香气增浓。

（3）味的变化　黄酒的味是各种呈味物质对味觉器官的综合反应，有甜、酸、苦、辣、涩。新酒的刺激辛辣味，主要是由酒精、高级醇、乙醛、硫化氢等成分构成。糖类、甘油等多元醇及某些氨基酸构成甜味；各种有机酸、部分氨基酸形成酸味；高级醇，如酪醇等形成苦味；乳酸含量过多有涩味。经过长期陈酿，酒精、醛类的氧化，乙醛的缩合，醇酸的酯化，酒精及水分子的缔合，以及各种复杂的物理化学变化，使酒的口味变得醇厚柔和，诸味协调，恰到好处。

但黄酒储存不宜过长，否则，酒的损耗加大，酒味变淡，色泽过深，焦糖的苦味增强，使黄酒过熟，质量降低。

（4）氧化还原电位和氨基甲酸乙酯的变化　氧化还原电位随着储存时间的延长而提高，主要是由于储存过程中，还原性物质被氧化所致。根据酒的种类、储酒的条件、温度的变化，掌握适宜的储存期，保证黄酒色、香、味的改善，防止有害成分生成过多。

2. 黄酒的大容器储存

传统的黄酒以陶坛为储酒容器。陶坛的装液量少，每坛装酒25kg左右，并且坛和酒的损耗较高，平均每年为2%～4%之间，一个年产1万吨的黄酒厂，每年至少需要40多万只酒坛和14300m^2的仓库面积。名优黄酒要陈储3年，方能销售，占用的酒坛和仓库场地就更多。由于酒坛经不起碰撞，难以实现机械化操作，很不适应黄酒生产发展的需要。因此，采用大容器储酒已成为必然趋势。它既能减少酒损，节省仓库用地，实现机械化操作，又能方便地排除储酒过程中析出的酒脚，有利于提高酒的质量。

目前，黄酒储罐的单位容量已发展到50t左右，比陶坛的容积扩大近2000倍，黄酒大罐储存的关键问题是在保证口味正常的前提下，防止酒的酸败，在长时间储存中，要求酒的酸度仅有较小的变化。要达到以上要求，必须注意以下几点。

（1）灭菌　储罐、管道、输酒设备应严格杀菌，保证无菌。日本清酒的大罐储存，采用H_2O_2进行空罐消毒。国内黄酒厂常用蒸汽灭菌，灭菌时要特别注意死角和蒸汽冷凝水的排除。黄酒的煎酒温度一般控制在 85℃，维持 15～30min。

(2) 进罐　煎酒后，可采用热酒进罐，起到再杀菌的作用，也可在进罐以前，将酒温预先冷却到 63～65℃，再把酒送入大罐，这样既使酒保持无菌状态，又避免酒在高温下停留太久而风味变差。

(3) 降温　酒充满储罐容积的 95%左右后，应立即封罐，并迅速降温，为避免罐内产生负压，可边降温边向酒液上方空间补充无菌空气，维持罐内压力和保证无菌状态。降温速度要快，使酒的风味不致变坏，也可在灌酒结束时，添加部分高度白酒于黄酒表层，起到盖面的保护作用。并保证在较低温度下储存，防止微生物污染。

(4) 罐材　储罐可用不锈钢或碳钢涂树脂衬里进行制作。生产实践证明，使用生漆或过氯乙烯为涂料，对黄酒质量影响不大，生漆能耐温 150℃，可经受蒸汽灭菌，储罐在涂料后，必须进行干燥，用水清洗，直到没有异味才能投入使用。

(5) 检测　大罐储酒过程中，要加强检测化验，一旦发现不正常情况，要及时采取措施，以免造成重大损失。实践证明，大罐储酒，只要设备、工艺设计合理，储存后的黄酒质量、风味均与陶坛储存相似，并发现，在各个储罐中，一般上部的酒质比中、下部的好，根据这一特点，可以灌装出不同质量的名、优酒产品，以利于提高经济效益。

第四章
黄酒生产技术

黄酒产地较广，品种很多，著名的有绍兴加饭酒、福建老酒、江西九江封缸酒、江苏丹阳封缸酒、无锡惠泉酒、广东珍珠红酒、山东即墨老酒、秦洋黑米酒、上海老酒、大连黄酒等。但是被中国酿酒界公认的，在国际国内市场最受欢迎的，能够代表中国黄酒特色的，首推绍兴黄酒。

绍兴黄酒主要呈琥珀色，透明澄澈。这种透明琥珀色主要来自原料米和小麦本身的自然色素和加入了适量糖色。绍兴黄酒具有诱人的馥郁芳香，这种芳香不是指某一种特别重的香气，而是一种复合香，是由酯类、醇类、醛类、酸类、羰基化合物和酚类等多种成分组成的。这些有香物质来自米、麦曲本身以及发酵中多种微生物的代谢和储存期中醇与酸的反应，它们结合起来就产生了馥香，而且往往随着时间的久远而更为浓烈。

第一节　浙江地区黄酒

一、嘉兴黄酒

嘉兴黄酒是喂饭法发酵的代表酒种。喂饭法发酵是将酿酒原料分成几批，第一批先以淋饭法搭窝做成酒母，然后分批加入新原料，起到酵母扩大培养和连续发酵的作用。它与《齐民要术》中记载的三投、五投、七投等酿酒法是一脉相承的，是根据微生物繁殖和发酵规律所创造的一种近代发酵方法，其主要特点如下。

（1）酒药用量少　其用量随搭窝用料的减少而降低。

（2）酵母不易衰老　在原料递加中，酵母不断获得营养而得以多次繁殖，因而比普通酒醪能生成更多的活力旺盛的酵母细胞。

（3）发酵力旺盛　醪液在糖化发酵过程中，从稠厚转为稀薄，多次投料，酵母因不断获得新营养和酒精的稀释，而使发酵活力充分发挥，出酒率提高。

（4）发酵条件易控制　发酵品温可通过喂料时所投饭、水的温度加以调节，投料时搅拌也起着排除二氧化碳、供给新鲜空气、促进酵母菌繁殖的作用，这有利于减少杂菌滋生及防止酸败，提高酒的质量和产量。用于新工艺大罐发酵，则有利于促进自动开耙。

1. 原料配方

淋饭搭窝用粳米 50kg，第 1 次喂饭用粳米 50kg，第 2 次喂饭用粳米 25kg，黄酒药（淋饭搭窝用）250～300g，麦曲（按粳米总量计）8%～10%，总控制量 330kg，加水量＝总控制量－(淋饭后的平均饭重＋用曲量)。

2. 工艺流程

配料→浸渍、蒸饭、淋冷→搭窝（加酒药）→翻缸放水（加水）→第 1 次喂饭（加麦曲）→糖化发酵→开耙→第 2 次喂饭（加麦曲）→灌坛后发酵→压榨→生酒→澄清→煎酒→成品

3. 操作要点

（1）配料　按原料配方用量进行配料。

（2）浸渍、蒸饭、淋冷　在室温 20℃左右的条件下，浸渍 20～24h。浸渍后用清水冲淋，沥干后采用“双蒸双淋”操作法蒸煮。米饭用冷水进行淋冷，达到拌药所需品温 26～32℃即可。

（3）搭窝　在米饭淋冷后进行沥干，倒入缸中，用手搓散饭块，拌入酒药，搭成 U 字形圆窝，窝底直径约 20cm，再在饭面撒一薄层酒药，拌药后品温以 23～26℃为宜，然后盖上草缸盖保温。18～22h 后开始升温，24～36h 来甜酿液，来酿品温 29～33℃。来

酿前应掀动一下缸盖，以排出 CO_2，换入新鲜空气。成熟酒酿相当于淋饭酒母，要求酿液满窝，呈白玉色，有正常的酒香，绝对不能带异常气味；镜检酵母细胞数 1×10^8 个/mL 左右。

（4）翻缸放水　拌药后 45～52h，酿液到窝高八成以上时，将淋饭酒母翻转放水，加水量按总控制量计算，每缸放水量在 120kg 左右。

（5）第 1 次喂饭　翻缸次日，第 1 次加曲，加量为总用曲量的一半，约 4%，并喂入粳米 50kg 的米饭，喂饭后品温一般为 25～28℃，要拌匀，把大饭块捏碎。采用喂饭法操作，应注意下列 3 点：①喂饭次数以 2～3 次为宜；②各次喂饭之间的间隔时间为 24h；③酵母在醪液中要占绝对优势，以保持糖化和发酵的均衡，防止因发酵迟缓、糖浓度下降缓慢引起的升酸。

（6）开耙　第 1 次喂饭后 13～14h，开第 1 次耙，使上下品温均匀，排除 CO_2，增加酵母的活力及与醪液的均匀接触。

（7）第 2 次喂饭　第 1 次喂饭后次日，开始第 2 次加曲，其用量为余下部分，即 4%，并喂入粳米 25kg。喂饭前后的品温为28～30℃，这就要求根据气温和醪温的高低，适当调整喂前米饭的温度。操作时尽量少搅拌，防止搅成糊状而阻碍酵母菌的活动和发酵力。

（8）灌坛后发酵　第 2 次喂饭后 5～10h，将酒醪灌入酒坛，堆放露天中进行缓慢后发酵。60～90 天后进行压榨、煎酒、灌坛处理。

（9）成品　出酒率 250%～260%，酒精含量 15%～16%，总酸 0.35～0.38g/100mL，糖分小于 0.5%，出糟率 18%～20%。我国江浙两省采用喂饭法生产黄酒的厂家较多，具体操作因原料品种、喂饭次数和数量等的不同而有多种变化。

二、绍兴元红酒

元红酒是干型黄酒中流传最广、最具代表性的摊饭酒，是以糯米为原料酿制而成。若采用粳米或籼米，按其操作法酿成的酒则属地方黄酒。元红酒酿造具有如下特点：①浸米时间长，加酸浆水进行发酵；②米饭冷却采用摊饭法或鼓风冷却法；③糖化剂采用生麦曲，发酵剂采用淋饭酒母；④后发酵温度低，时间长，酿成的黄酒风味较好。

1. 原料配方

糯米 144kg，麦曲 22.5kg，水 112kg，酸浆水 84kg，淋饭酒母 5～6kg。

2. 工艺流程

配料→浸米→淋米→蒸饭→摊晾→落缸（加麦曲、淋饭酒母、浆水)→糖化发酵→后发酵→压榨→生酒→澄清→煎酒→成品

3. 操作要点

(1) 配料　根据原料配方用量进行配料。在每缸用水中沿用历史上就有的“三浆四水”配比，即酸浆水和清水比例为 3∶4。

(2) 浸米　浸米操作与淋饭酒基本相同，但因摊饭酒浸米长达 18～20 天，所以在浸渍过程中，要注意及时加水，勿使米露出水面，并要防止稠浆、臭浆的发生，一经发生，应立即换入清水。汲取浆水是在浸米蒸饭的前一天。一缸浸米约可得 160kg 原浆水，将其置于空缸内，再掺入大约 50kg 清水进行稀释，然后让其澄清一夜后，取上清液应用。

(3) 蒸饭和摊晾　与淋饭酒不同，摊饭酒的米浸渍后，不经淋洗，保留附在米上的浆水进行蒸煮。即使不用其浆水的陈糯米或粳米，也采用这种带浆蒸煮的方法，这样可起到增加酒醅酸度的作用，至于米上浆水带有的杂味及挥发性杂质则可通过蒸煮的方法去除掉。米饭冷却用摊饭法或改用鼓风法，要求品温下降迅速而均匀，根据气温掌握冷却温度，一般冷至 60～65℃。

(4) 落缸　落缸前把发酵缸和工具先经清洗和沸水灭菌。落缸时先投放清水，再依次投入米饭、麦曲和酒母，最后冲入浆水，用木耙或木楫与小木钩等工具，将饭料搅拌均匀，达到糖化、发酵剂与米饭均匀接触和缸内上下温度一致的要求。落缸温度的高低直接关系到发酵微生物的生长和发酵升温的快慢，特别注意勿使酒母与

热饭块接触而引起“烫酿”，造成发酵不良，引起酸败。落缸温度应根据气温高低灵活掌握，一般控制在24～26℃，不超过28℃。

（5）糖化发酵　物料在下缸后就开始糖化和发酵。前期主要是酵母菌的增殖，热量产生较少，应注意保温。经过10h左右，醪中酵母菌已大量繁殖，开始进入主发酵阶段，温度上升较快，可听见缸中“嘶嘶”的发酵声，产生的CO_2气体把酒醅顶上缸面，形成厚厚的醪盖，醪液味鲜甜略带酒香。待品温升到一定程度，就要及时开耙。测量品温用手插，多以饭面向下15～20cm的缸心温度为依据。有高温开耙和低温开耙，依地区和技工的操作习惯而选择。经过5～8天的发酵，在品温与室温相近后，糟粕开始下沉，主发酵结束，就可灌坛进行后发酵了。发酵过程中醪液成分变化规律大致归纳如下。

① 酒精含量　在头耙至四耙间酒精含量增加极快，几乎直线上升，落缸2～3天，酒精含量可达10%以上，往后增长速度渐趋缓慢，落缸后7天，酒精含量达13%以上，往后发酵酒精含量可继续上升，至榨酒时通常已达16%以上，最高达20%。

② 糖分　开头耙时，还原糖含量达6%～8%，其后随酵母菌的酒精发酵而迅速下降，主发酵结束时，已降到2%左右，当降到1%左右时，糖分的产生与消耗逐渐成稳定状态。

③ 酸度　酸度是衡量发酵过程是否正常的一项重要指标。头耙时一般在0.2～0.3g/100mL之间，只要控制得当，主发酵结束后，酸度的增长甚微，至压榨时，酒醪总酸一般在0.45g/100mL以下。

④ 酵母细胞数　投料入缸加淋饭酒母时，酵母数还不到1×10^4个/mL，但经过17～20h的发酵，就增殖到$(3～5)\times10^8$个/mL。在整个主发酵搅拌期，酵母数为$(5～8)\times10^8$个/mL。后发酵时，酵母多沉于坛底，但醪中死酵母比较少，在1%～5%之间。

（6）后发酵（养醅）　灌坛前先在每缸中加入1～2坛淋饭酒母，目的在于增加发酵力，然后将缸中酒醪分盛于已洗净的酒坛中。每坛装25kg左右，坛口盖一张荷叶，每2～4坛堆一列，多堆置室外，最上层坛口再罩一小瓦盖，以防雨水入坛。在天气寒冷时，可将后发酵酒坛堆在向阳温暖的地方，以加速发酵。天气转暖时，则应堆在阴凉地方或室内为宜，防止因温度过高，发生酸败现象。摊饭酒的发酵期一般在70～80天。

三、绍兴香雪酒

明朝高濂在其所著的《遵生八笺》一书中，曾提到香雪酒。但与现在绍兴生产的香雪酒完全不一样，前者是一种酿造酒，而后者实际上是一种高浓度酒精的甜露酒。香雪酒也和善酿酒相似，是用酒来代替水酿制的，不过它用的是陈年糟烧而不是陈元红酒。在操作上香雪酒是采用淋饭法。由于绍兴香雪酒是用甜酒酿加入糟烧酒泡制而成的，其酒精度和糖度高，生产可不受季节性的限制。因天气炎热时适于制造甜酒酿，故一般安排在夏季酿制。香雪酒虽然用糟烧酒代替水酿制的，但经过陈酿后，此酒上口鲜甜醇厚，既感觉不到白酒的辛辣味，又有绍兴酒特有的浓郁芳香，为国内外消费者所欢迎。

香雪酒主要关键是在糖化适时，即等到糖分积累得多的时候，加入大量的糟烧，抑制了酵母的发酵作用，将醪液中的糖分基本固定下来，而成为酒度和糖度都高的甜酒。

1. 原料配方

糯米100kg，麦曲10kg，50°糟烧100kg，酒药0.187kg。

2. 工艺流程

糯米→淘洗→浸米→蒸饭→淋饭→拌料（加麦曲、酒母）→入罐→发酵→压榨→澄清→灭菌→储存→过滤→成品

3. 操作要点

下缸搭窝以前的操作完全与淋饭酒母相同。搭窝后经过36～48h，圆窝内甜液已满，此时在圆窝内先投入磨碎麦曲，充分拌匀，继续保温促进其糖化，俗称窝曲。再经过24h，糖分已积累很多，就可加入酒度50%的糟烧，用木耙捣匀，然后加盖静置。以后相隔三天搅拌一次，这样经2～3次搅拌，便可用洁净的空缸覆盖，两缸口的衔接处用荷叶衬垫，并用盐卤、泥土封口。经3～4

个月，即可启封榨酒。香雪酒由于含糖量高，酒糟厚，榨酒时间比元红酒长。

香雪酒不加糖色，成品酒为透明金黄色的液体。因酒度和糖度都较高，一般不经杀菌也可装瓶。煎酒的目的仅为了让胶体物质凝结，使酒清澈透明。

四、绍兴加饭酒

加饭酒，顾名思义，就是在配料中增加了饭量，实际上是一种浓醪发酵酒。此酒质地醇厚，酒度较高，储存的时间也相当长，为绍兴酒中的上品，受到国内外市场的欢迎。

1. 原料配方

由于加饭量的增加多寡，习惯上还分成单加饭和双加饭两种，但过去各酒厂对原料配比并无严格的规定，因此品质参差不齐，很难区分。按目前统一的配方，每缸原料的配方如下：糯米 144kg，麦曲 25kg，浆水 50kg，清水 68.6kg，淋饭酒母 8～9kg，50°糟烧 5kg，饭水总重量 338.5kg。

2. 工艺流程

糯米→淘洗→浸米→蒸饭→淋饭→拌料（加麦曲、酒母）→入罐→发酵→压榨→澄清→灭菌→储存→过滤→成品

3. 操作要点

（1）由于饭量多，醪液浓厚，主发酵期间品温上升较快，因此，下缸温度要求比元红酒低 2～3℃，同时保温措施亦可减少。此外，为了便于控制发酵温度，可安排在严寒气温低时酿制。

（2）主发酵期间较长，须经过 15～20 天，等米粒完全沉至缸底，才灌坛养坯，进行后发酵。在灌坛之前每缸加入 50°糟烧 5kg 和少量淋饭酒母醪液，以提高酒精浓度及增强发酵力，防止发酵醪酸败。整个发酵期需 80～90 天。

（3）因醪液浓厚，发酵不完全，形成的糟粕多，压榨困难，压榨的时间一般要比元红酒增加一倍。

五、绍兴善酿酒

善酿酒又叫双套酒，在1890年由绍兴沈永和酒坊首次试制成功。当时工人从双套酱油得到启发，是根据酱油代替水制造母子酱油的原理，创造了用酒代水酿酒的方法。善酿酒是一种半甜味酒，因为需要二三年的陈元红酒代替水，其成本较高，出酒率较低和资金周转慢，所以产量少，是一种高级的饮料酒。此酒的口味香甜醇厚，并且有独特的风味，可与优质的甜葡萄酒相媲美。该酒曾在1910年南洋劝业会和1915年巴拿马太平洋万国博览会上分别荣获金牌和奖章，并在1979年第三届全国评酒会上被评为国家优质酒。另外，还有一种用淋饭方式酿制成的鲜酿酒，配料基本上和善酿酒相似，成品酒的口味比善酿酒更甜，由于陈酒香淡而鲜酿味较重，品质略逊于善酿酒。

1. 原料配方

糯米144kg，麦曲25kg，浆水50kg，淋饭酒母15kg，陈元红酒100kg。

2. 工艺流程

糯米→淘洗→浸米→蒸饭→淋饭→拌料（加麦曲、酒母）→入罐→发酵→压榨→澄清→灭菌→储存→过滤→成品

3. 操作要点

善酿酒的操作与元红酒差不多，其区别是由于落缸时加入了大量的陈元红酒，醪液的酒精已达6%以上，酵母的生长繁殖受到阻碍，发酵速度较慢，糖分也消化不了，整个发酵过程中，糖分始终在7%以上，为了在开始促进酵母的繁殖和发酵作用，要求落缸温度比元红酒提高1～2℃，并需加强保温工作。

此外，由于酒精的增加缓慢，发酵时间长达80天左右。压榨时，因为醪液黏厚，压榨的时间也需延长。

六、乌衣红曲黄酒

在浙江省的温州、平阳和金华等地主要生产乌衣红曲黄酒。乌

衣红曲外观呈黑褐色，是把黑曲霉、红曲霉和酵母等微生物混杂生长在米粒上制成的一种糖化发酵剂。由于乌衣红曲兼有黑曲霉及红曲霉的优点，具有耐酸、耐高温的特点，糖化力也很强，所以乌衣红曲黄酒的出酒率为各地黄酒所不及。

现将乌衣红曲黄酒的酿造特点介绍如下。

1. 工艺流程

大米→浸米→蒸煮→摊晾→拌曲→落缸或下池→糖化发酵→后发酵→榨酒→煎酒→成品

2. 操作要点

(1) 由于温州、平阳和金华等地酿造黄酒用籼米原料较多，蒸煮很困难，因此都采取先浸米、后粉碎的操作方法。把浸渍 2～3 天的米，粉碎成粉末，用甑或蒸饭机把米粉蒸熟，并打散团块和摊晾备用。酿造乌衣红曲黄酒时加水量比较多，米粉落缸后不至于黏结成块，反而有利于糖化和发酵的进行。

(2) 采用浸曲法培养酒母。一般用五倍于曲重量的清水浸曲，用曲量为原料大米的 10%，浸曲时间为 2～3 天，视气温高低而定。浸曲的目的是将淀粉酶等浸出和使酵母预先繁殖起来，相当于培养酒母。据某厂的经验介绍，掌握浸曲的标准是曲子必须全部浮到液面上来，说明酵母的繁殖旺盛，这样曲就算浸好了。此时加入蒸熟的米粉后，糖化和发酵会进行得很快，做好酒就有了保证。浸曲时为了防止杂菌的生长和有利于酵母的繁殖，应加入适量乳酸调节至 pH4 左右，既可保障酵母的纯粹培养，又可改善酒的风味。此外，在浸曲时最好能接入纯种培养的优良黄酒酵母，还要加强浸曲时的分析检查。

(3) 由于原料粉碎以后，发酵醪已基本上成为糊状流动液，再加上糖化发酵速度快，醪液稀薄，便于管道输送，为酿造黄酒的机械化创造了有利条件。目前，已有不少工厂对工艺设备作了较大的改进，如采用浸米池、连续蒸饭机、大池发酵、酒醪泵和恒温自动控制煎酒器等设备，减轻了劳动强度，并初步实现了黄酒生产的机械化。有的厂为了便于控制发酵的温度，还采用了喂饭操作法，对提高出酒率和酒的质量有一定的作用。

七、浙江干型黄酒

浙江某酒业公司采用液化法生产出了干型黄酒产品。以下作简要介绍。

1. 工艺流程

原料要求→粉碎→液化→冷却→投料→麦曲添加→添加酵母→主发酵→后发酵→成品酒

2. 操作要点

(1) 原料要求　原料要求以晚籼米筛出的碎米，水分 14%以下，精白无黄粒。

(2) 粉碎　采用啤酒用米粉碎系统进行干法粉碎，细度 40～60 目。

(3) 液化　利用啤酒厂糖化设备，投料 3500kg，料水比 1∶2，投料温度 50℃，α-淀粉酶用量 30U/g 大米，其中投料时加 5U/g 大米，升温至 60℃时加 25U/g 大米，石膏 250g/t 大米，用磷酸调 pH 值为 5.8～6.0。液化工艺为：淀粉酶→50℃投料 (10min) →65℃加淀粉酶→1℃/min→68℃→1℃/min→80℃→100℃ (10～20min)。

(4) 冷却　采用螺旋式换热器，2～4℃冰水冷媒温度上升至 70～80℃，物料从 100℃下降至 25～30℃即为投料温度。

(5) 投料　发酵罐容量 $40m^3$，分两次投料，首次液化液 15.5t (大米量 3500kg)，经冷却后通过输送管道泵入发酵罐，入罐时物料温度 24～27℃，第二次投料在第一次投料 24h 后进行。

(6) 麦曲添加　麦曲用量为原料量的 5%，第一次投料和第二次投料时各添加 2.5%，添加时用空气搅拌使之混合均匀。

(7) 添加酒母　成熟酒母含酵母数在 1.5×10^8 个/mL 以上。酒母量为原料量的 8%～10%，第一次投料和第二次投料时各添加 4%～5%，添加时搅拌均匀。

(8) 主发酵　主发酵温度 27～30℃，最高温度不得超过 32℃，主发酵时间 4～5 天。主发酵期间，每隔 8h 通风搅拌 10min，主发酵结束时，酒精含量 15.5%～17.0%，酸度 5.0～6.5g/L。

(9) 后发酵　后发酵温度控制在 15～25℃，后发酵时间 15～20 天。

(10) 成品酒质量　酒精（20℃时体积分数）为 16%，总酸（以乳酸计）5.9g/L，总糖（以葡萄糖计）3.6g/7L，非糖固形物 32g/L，pH 4.0。

八、绍兴大罐酿甜型黄酒

甜型黄酒由于本身酒度适中，口味鲜甜，质地浓厚，受到广大消费者的喜爱。但传统工艺多采用淋饭法生产，因受场地、季节、气候等因素的影响，产能受到一定限制。20 世纪 90 年代初，绍兴东风酒厂以大米（糯米）、麦曲、酒母及糟烧为主要原料，通过有效控制糖化、发酵进程，生产出了醇香浓郁、甘甜清爽的甜型黄酒产品“沉香酒”。沉香酒的酿造关键是落罐投料时加入一定量的白酒，以抑制酵母发酵。该产品生产周期较长，受季节限制少。与绍兴酒中传统产品香雪酒相比，沉香酒具有酒度低、糖度高、香浓味醇、营养丰富之特点。

1. 原料配方

糯米 100kg，块曲 8.2kg，糖化曲 3.8kg，酒母 3kg，50°白酒 103kg。

2. 工艺流程

糯米→浸米→蒸饭→投料落罐（加糟烧、麦曲、酒母）→开耙、发酵→后酵→压榨→过滤→成品

3. 操作要点

(1) 浸米、蒸饭　室温 25℃条件下浸渍 3～4 天后，用卧式蒸饭机蒸饭。

(2) 投料落罐　将饭、块曲、酒母和糖化曲按配方量投入发酵罐，控制落罐温度为 30～33℃。

(3) 开耙发酵　投料 24h 后开头耙，以后每隔 12h 开一耙，直

至压罐，发酵品温一般为自然发酵温度。4天后压至后酵罐。

（4）压榨、过滤　后发酵三个月左右即可压榨。

（5）成品

①感官指标　橙黄色，清亮透明，有光泽，醇香浓郁，甘甜清爽，具有沉香酒独特风格。

②理化指标　酒精（20℃时体积分数）≥16.5%，糖度（以葡萄糖计）≥240g/L，总酸（以乳酸计）≤7.5g/L，氨基酸态氮≥10g/L。

第二节　其他地区黄酒

一、山东即墨老酒

我国北方各省酿造黄酒多采用黍米为原料，主要产地为山东、山西及河北等省，以山东省的黄酒产量最多，而即墨老酒更有盛誉。即墨老酒色呈黑褐色，香味独特，具有焦米香，味醇适口，微苦而回味深长。此酒曾在1963年全国第二届评酒会和1979年全国第三届评酒会上，被评为全国优质酒。即墨老酒的生产操作方法和南方大米黄酒有很大的区别，现介绍如下。

1.工艺流程

黍米→洗涤→烫米→摊晾→浸渍→煮糜→摊晾→拌曲→糖化→加酒母→落缸→发酵→压榨→成品

2.操作要点

（1）烫米　由于黍米的谷皮较厚，颗粒较小，一般浸渍10h左右不容易使水分渗入到黍米的内部，造成煮糜困难。因此，要通过烫米，使黍米外包着的谷皮能软化裂开，便于浸渍时水分能渗透到黍米的内部去，使淀粉颗粒之间松散开来，以利于煮糜。此外，烫米以后要散冷到44℃以下再去浸渍，若直接把热的黍米放进冷水，米粒会产生“大开花”的现象，谷皮里面的淀粉暴露到皮外来，会使一部分淀粉溶解到水中而造成损失。

(2) 煮糜 黍米原料的蒸煮采用直接火煮糜的方法。酿造老酒时，煮糜始终用猛火熬煮，并不停地用木耙翻拌，除了使黍米淀粉糊化外，还使黍米焦化带色，用这种焦黄色黍米酿造的酒，色深且带有焦香味。由于煮熟的黍米醪俗称糜，故此操作称为煮糜。

(3) 糖化和发酵 将煮好的糜放在木槽中，摊晾至 60℃，加入生麦曲，用量为黍米原料的 7.5%，充分拌匀，堆积糖化 1h。再把品温降至 28～30℃，接入黍米原料量 0.5%的固体酵母，拌匀后入缸发酵，入缸品温按季节而定。由于采用了分段糖化和发酵的方法，糖化和发酵迅速，整个发酵期很短，一般约为 7 天。再经过压榨和澄清后，可不必实行灭菌操作，便可作为商品出售。

目前，即墨黄酒厂对生产设备作了较大的改革，如浸米和发酵都用罐代缸，机械搅拌机代木耙铲糜以及使用板框式空气压榨机等，这样减轻了工人的劳动强度，并为即墨老酒实现机械化生产打下了基础。

二、福建蜜沉沉酒

蜜沉沉酒是福建省福安的特产，其酿制工艺始于清朝乾隆年间，迄今已有 200 余年历史。因初饮之时，香甜可口，喝多之后，沉沉若醉，故得名为“蜜沉沉”。广大群众中流传着这样一首赞颂它的诗歌：“韩城佳酿蜜沉沉，香甜醇和醉梦乡，若问不堪成玉液，更往何处取琼浆。”这首福安民谣，道明了历史上福安蜜沉沉酒的风味特色和珍贵。此酒色泽金黄，清晰透明，清香馥郁，甜蜜爽口，回味绵长。酒液中含有人体所必需的多种氨基酸，营养丰富，具有舒筋活血、滋补强身之功效。

1. 原料配方

糯米 15kg，土白曲 3.5kg，46°米烧酒适量，水适量。

2. 工艺流程

原料选择与处理→浸米→蒸饭→拌曲糖化→合盘发酵→抽酒→澄清→压榨→封缸陈酿→成品

3. 操作要点

(1) 原料选择与处理　选择无病虫害、无腐烂霉变的优质糯米。

(2) 浸米　把称好的糯米倒到木桶内，加水至水层高出米面20cm左右。气温20～25℃时，浸米6～8h；气温10～15℃时，浸米8～10h。浸米标准是米粒吸水透心，用手捏米能碎为准。

(3) 蒸饭　将浸米捞到竹篓内，把它放在冲洗架上，用清水从上面冲下。先冲中间，再冲四周，至篓底出水不浑浊，出现清水为准。适当沥干后，将糯米放入蒸笼内摊平，使米粒保持疏松。先开少量蒸汽，当看到笼内局部冒泡时，用米耙将米推到蒸汽冒出的饭面，逐层加料，汽上一层加一层米，当加完整个笼面并全部均匀上汽后，将笼盖盖上再蒸8～10min。蒸至米饭富有弹性，以手捏米，里外一致，没有白心。

(4) 拌曲糖化　趁热称取相当15kg米蒸出的饭，倒进淋饭桶内，抬放淋水台上，先冲三桶水，回冲一桶热水（经冲淋热饭的水，约40～50℃），此淋饭方法当地称“三一回汤法”。经淋水后，品温降至25～28℃，可以在固定的拌曲盆内进行拌曲，每盘按米量的26%加入土白曲，拌曲一定做到均匀。拌完后，倒入另一个盘缸内，把饭向四周拨开，中间留10～12cm的空洞，盖上竹制盘盖，即送到糖化房，糖化温度在30～34℃。冬、春季，盘缸四周要用草垫或麻袋保温，经36h左右，就有酒酿，达到空洞大约3/4时，说明酒酿成熟，此时可合盘发酵。

(5) 合盘发酵　按每三盘合并在250kg的酒缸内，这叫合盘。按每50kg醅加入46°的米烧酒47kg，用手把饭团搅碎翻匀，盖上木制缸盖，用有光纸刷上柿浆封好发酵。

(6) 抽酒、澄清、压榨、封缸陈酿　约经60天发酵，酒糟沉于缸底。这时可以抽酒压榨。方法是抽出上层澄清酒液，放置再澄清。余下酒醅装入榨袋用麻绳捆好，逐一整齐叠放在酒榨内，而后盖上榨盖，小心架上杠杆，并视出酒情况添加榨石，压榨3～5h后，可将榨石取下揭去榨盖，再将榨袋上下左右翻动，对换重叠于酒榨内，再行压榨，待酒液榨尽即可。榨出新酒于陶瓷容器内储存澄清陈酿。时间 1～1.5 年即成。

三、江苏丹阳封缸酒

丹阳封缸酒，素以“味轻花上露，色似洞中春”闻名。丹阳产封缸酒在南北朝时就已出名。据记载，北魏孝文帝南征前与刘藻将军辞别，相约胜利会师时以“曲阿之酒”款待百姓。曲阿即今丹阳，故丹阳封缸酒古有“曲阿酒”之称。丹阳黄酒历史悠久，境内出土的西周青铜凤纹尊、兽面纹尊以及青铜方卣等远古酒器证明，早在西周时期，这里已有相当发达的酒文化了。

以当地所产粒大、均匀、洁白、性黏、味香的优质糯米为原料，用麦曲作糖化发酵剂。取水质清甜、含多种无机盐类矿物质的玉乳泉水，配以特制酒药，经低温糖化发酵，在酿造中，当糖分达到高峰时，兑加 50°以上的白酒后，立即严密封闭缸口，养醅一定时间后，抽出 60%的清液，再进行压榨，二者按比例勾配定量灌坛，再严密封口储存 2～3 年即成。酿造成酒后色泽棕红，醇香馥郁，酒味鲜甜，酒精含量大于 14%，含糖大于 28%，总酸 0.3%左右，为黄酒中上品。

1. 原料配方

糯米 100kg，酒药 0.4kg，白酒 50kg，水适量。

2. 工艺流程

原料选择与处理→浸渍→洗米→蒸煮→淋饭→搭窝→加酒→搅拌→进缸→带槽陈储→压榨→陈储→成品

3. 操作要点

(1) 原料选择与处理　挑选无病虫害、无腐烂霉变的优质糯米，洗净除去沙粒等杂质，沥干备用。

(2) 浸渍　用真空输送机将原料糯米吸入浸米池中，注进清水，使水面高出米层 15cm 左右。一般浸渍 6～8h，实际应根据气温而决定浸渍时间。吸水率达到 25%～30%，用手捻之即碎为适度。

（3）洗米　浸渍好的糯米须洗至无白浊水流出为止，并沥干，然后用蒸饭机蒸煮。

（4）蒸煮　由于丹阳糯米质量好，吸水率高，易于蒸熟，蒸后米饭可以达到外硬内软、内无白心、疏松不黏、透而不烂的要求，所以淀粉易糖化完全，发酵正常，为提高酒的质量创造了基础条件。

（5）淋饭　淋饭是将洁净冷水从米饭上面淋下，使糯米降温的同时淋去糯米表面黏附物质，使糯米疏松，并增加米饭的含水量，有利于拌酒药和搭窝操作，也有利于搭窝后糖化及酒精发酵的顺利进行。

（6）搭窝　冷却至规定温度后的米饭倒进发酵缸中，然后按原料米重量的0.4%拌到酒药，拌匀后搭成直径15cm的“U”形窝。要求窝中米饭疏松，以不下塌为适度，增加与空气接触面积，有利于根霉及酵母的增殖，并在表面上撒些酒药，加稻草盖保温。经24h窝中已出现糖液，将其泼洒在饭面上，促进糖化和酵母的增殖。48h后，品温会逐渐下降至24～26℃，糖液几乎快满窝，糖化已达到最高峰。

（7）加酒、搅拌、进缸、带槽陈储　糖化进行到72h，即加入50°白酒，每100kg原料米加白酒50kg。然后用木耙搅拌均匀，并到大罐，进行熟成，约100天即可压榨。

（8）压榨　丹阳封缸酒醪的糖分高、黏稠，比一般干型酒压榨困难得多，因此现已改用板框式气膜压滤机，较原用木榨效率提高。

（9）陈储　为了保证封缸酒的风味，压榨出的酒不经灭菌，直接泵到罐储存，进行陈酿及澄清。本品酒液明亮，呈琥珀色或棕红色，香气醇浓，口味甜香而独特。

四、江西九江封缸酒

九江陈年封缸酒是江西省的传统名酒，它起源于一千多年前的唐朝元和年间，当时称为醅酒。醅酒，就是未经压榨过滤的米酒。

九江陈年封缸酒以优质糯米为原料，用根霉曲作糖化发酵剂。前发酵阶段多次加入 50°白酒，当酒度达到 20°时，带糟入大缸，密封后，发酵 6 个月。然后压榨得酒液，将酒液再入大缸陈酿澄清，密封陈酿达五年之久即可。发酵后生成了大量糖、乙醇、氨基酸等有机物，在长年封存中又促进醋类和其他醇类产生，致使该酒不加任何色素而自然转成琥珀色。封存愈久，颜色愈深，糖分含量也愈高，酒性也愈平稳。

1. 原料配方

糯米 10kg，酒药 750g，白酒 1kg，水适量。

2. 工艺流程

原料选择与处理→浸渍→蒸饭→淋饭→搭窝→发酵→加酒封缸→地窖陈储→压榨→陈储→成品

3. 操作要点

(1) 原料选择与处理　挑选无病虫害，无腐烂霉变的优质糯米。优质糯米在浸渍前，通过筛米机将糠、秕等杂质除掉。

(2) 浸渍　将过筛后的糯米倒进浸渍缸内，加清水至高于米面 10cm。一般春天浸泡 8h，夏天 3～4h，秋天 5～6h，冬天 10h。切开米粒如无白心，说明已泡透。将米捞到竹箩，再用清水冲去米浆即可。

(3) 蒸饭　浸米沥干，倒入木甑内，通蒸汽进行蒸煮，蒸至饭粒内无白心为佳。

(4) 淋饭　采取淋饭法，降低品温。气温在 26～32℃，可淋品温至 34℃左右，冬季可高一些。

(5) 搭窝　将淋过的米饭倒进缸内，按糯米量 0.75%的比例加入酒药粉，拌匀。然后将其搭成窝，保持疏松状态，以利酵母生长。窝面上薄薄撒些酒药粉，使根霉繁殖起来，形成菌膜，防止杂菌侵入。加缸盖保温，寒冷冬季还要另用草帘将缸围起保温。

(6) 发酵、加酒封缸、地窖陈储　拌进酒药 24h 后，窝内已聚集了 10～13cm 厚糖化液，味甜，此时即可加白酒以减弱酒精发酵。所用白酒是自制的，酒度 50°左右，分批加入，使酒精发酵逐步衰减，以获得酒味较浓的风味。第一次加白酒总用量的6%，第二次12%，第三次18%，第四次24%，至糖化终了，再将剩余的白酒加入，然后盖好缸盖。第三天翻缸一次，第四天酒醪即完全沉底，第七天即可换缸，用牛皮纸封住缸口，带糟陈储3～6个月即老熟。

(7) 压榨、陈储　通过封缸后熟的酒醪，输进压榨机，榨取酒液。经过澄清，抽出清液封缸4～5年，所以称作陈年封缸酒。本品酒色呈清亮的琥珀色，酒香浓郁，口味鲜甜，酒性平和，后味绵长。

五、福建龙岩沉缸酒

龙岩沉缸酒相传起源于公元195年，距今有1800多年的历史。现找到有文字可考的是清朝嘉庆元年，即公元1796年，距今有200多年的历史，主要发源地为龙岩小池镇黄邦村（原名龙岩市新罗区小池镇潢溪村）。龙岩沉缸酒厂始建于1956年9月，当时由龙岩县13家最古老的（最短的有几十年，最长的是祖辈相传的、有二百多年的酿酒历史）私人酿酒作坊联合组成公私合营企业——龙岩县酒厂，用龙岩城区的优质地下矿泉水新罗泉水生产沉缸酒。

传统型沉缸酒产品选用优质糯米，配以祖传秘方酒曲，精心酿制，陈酿而成。其工艺独特，异于别种黄酒，制作时采取两次小曲米酒入酒醅的方法，让酒醅三沉三浮，最后沉入缸底。酒色鲜艳透明，呈红褐色，有琥珀光泽，香气醇郁芬芳，饮后余香绵长。酒中含有多种人体所需的氨基酸和维生素，营养丰富，滋补健身，有“斤酒当九鸡”之说。

1. 原料配方

糯米6kg，白酒5kg，古田红曲300kg，药曲20g，散曲10g，厦门白曲10g，水5kg。

2. 工艺流程

原料选择与处理→浸米→冲洗→蒸饭→淋饭→落缸搭窝→第一次加酒→翻醅→第二次加酒→养醅→熟成→抽酒→澄清→沉淀→煎

酒→灭菌→装坛→陈酿→勾兑→包装→成品

3. 操作要点

(1) 原料选择与处理　所选糯米的精白度应为88%～90%。此外，要求没有虫蛀，无霉烂，颗粒完整饱满，糯性强，蒸熟后的饭软而黏。杂米不得超过8%，碎米不得超过5%。洗净备用。

(2) 浸米、冲洗　浸米池要洗刷干净，并定期用石灰水灭菌。浸米池冲洗干净，装好清水，然后将定量的米投入，耙平，放水至高出米表面6cm。用铲子上下翻动，洗去糠秕，把水放掉，再用清水冲净池壁及米表面上的水沫，待水流尽关闭阀门。再度放水洗米，捞去水面漂浮物，进行浸渍。注意水面保持在浸米之上，浸米时间夏秋季一般10～14h，冬春季12～16h，用手捻即粉碎，吸水率可达33%～36%。

(3) 蒸饭　将浸米捞起放入竹箩，用水冲洗至水清，并淋干。将浸米分为两份，先将部分装入蒸桶扒平，待蒸汽全部透出米面，将所剩浸米均匀地撒至透气部位。撒完待蒸汽完全冒出米面，即可盖上麻袋，闷蒸30～40min。如米质硬，每甑可淋入温水1～1.5kg，再蒸15～20min，以便蒸得匀透，软而不烂，无夹生米心。蒸饭过程吸水率可达14%。

(4) 淋饭　饭蒸熟后抬至淋缸的木架上，用冷水冲淋降温。淋水用量根据气温、水温及要求品温进行调整，其目的是使米饭温度内外一致。取淋缸内温水复淋的水温也要根据下缸品温及室温而定，一般室温20～25℃，淋饭用冷水量为60kg，复淋用水量为30kg，复淋水温为40℃，淋水后饭温为32℃。

(5) 落缸搭窝　称好每缸所用各种曲的重量，边下饭边撒曲，然后用手翻拌均匀。用木棍在缸中央摇出一个“U”形窝，冬季窝要小些，窝口直径约20cm，夏季窝要大些，窝口直径25cm。用手将窝表面轻轻抹平，以不使饭粒下塌为准，再用竹扫帚扫去缸壁所附着饭粒，用湿布擦净缸口，插入温度计，盖上缸盖。冬天注意保温，室温与落缸品温的控制很重要。一般室温20～25℃，落缸后产品温度28～30℃。

（6）第一次加酒　落缸 12～24h 后，饭粒上开始有白色菌丝生长，缸中已开始较旺盛的酒精发酵，发出二氧化碳“嘶嘶”冒出的声音。用手轻轻地压一下饭面，就有气泡外溢，同时饭面下陷，饭粒已无强度而似已分解成空壳，窝内已有糖化液出现，略带酒味，最高品温可达 37℃。36～48h 后，窝中 4/5 已聚积糖液，酒精含量 3％～4％。加第一次白酒前将称好的红曲倒进另一缸内，加 100％清水洗涤，清除孢子、灰尘和杂质，立即倒入箩筐内淋干。加酒时先把淋干红曲均匀地分放各缸，倒进配料规定量的 20％的白酒，用手翻拌均匀，擦净缸壁，测定品温，加盖保温。

（7）翻醅　加酒后约 24h（气温高时约 12h）进行第一次翻醅，然后用手将缸内四周的醪盖压进液面下，把中心部位的醪盖翻向四周，使中央形成一个锅形洞。上、中、下品温差别在 2℃以下。室温在 25℃以上时每天翻两次，室温在 25℃以下时，应每天翻一次。翻醅时间要根据经验掌握，这时醪液逐渐变甜，酒的辣味减少。

（8）第二次加酒　落缸后 7～8 天（秋、夏季 5～6 天）酒醪温度在 28℃以上，酒精含量 9％以上，总酸 0.5g/100mL 左右时，即可第二次加酒。将剩余的 80％的白酒倒入醅内搅拌均匀，擦干缸壁，加盖密封。如发酵缸下酒不够用，可并缸或分装于清洁酒坛中。加盖后用两层漆纸扎紧坛口，堆叠整齐。

（9）养醅、熟成　加完第二次酒后进行熟成，使微弱的糖化发酵作用持续进行，产生芳香成分，消除强烈的白酒气味，增加醇香、柔和及协调感。养醅时间根据气温灵活掌握，一般为 40～60 天。当酒醪糖度达到 25％～27％，酒精含量降至 20％以下，酸度上升到 0.4g/100mL 左右时，即可压榨。熟成期间不宜经常开启，更不应搅动酒醪，以免感染杂菌。

（10）抽酒　发酵好的酒醅用泵或勺桶送进另一个已灭菌的架在空缸上的分离筛内，使酒液与糟分离，糟送去压榨。

（11）澄清　将抽出以及压榨的酒液都泵到澄清桶内，加酱色，搅拌均匀，静置 5～7 天，泵到储桶内，灭菌，沉降的酒糟最后进行压榨。

(12) 沉淀　将抽出和压出的酒液一起泵到沉淀桶内，根据酒色每 50kg 酒液加糖色 0～70g 不等，搅拌均匀，静置 5～7 天，将上部澄清透明的酒液泵到储酒桶内灭菌。沉淀物压榨。

(13) 煎酒、灭菌、装坛　将储酒桶内经沉淀的清酒液泵入管式灭菌器内，开启蒸汽阀门，注意调节酒液流量，使热酒管的温度达 86～90℃。灭菌后的新酒装入已洗净并经严格灭菌的酒坛内，每坛盛酒 25～30kg，坛口立即盖上瓦盖，以减少挥发损失。待坛内酒温稍冷时（一般是第二天早晨），取下瓦盖，加上木盖，用三层棉纸、三层板纸涂以猪血石灰浆密封坛口，并在坛壁标注生产日期、成酒日期、皮重、净重后进库储存。

(14) 陈酿　为了提高酒质，使糖、酒、酸成分协调，增加酒的醇厚感，必须经较长时间的储存，沉缸酒一般储存期为三年。储存过程应经常（最好每季）检查一次储存库，检查酒坛有无渗漏，以便及时更换或改正。储存库要求干燥、通风，无直射阳光。

(15) 勾兑、包装　将每批不同质量的酒进行勾兑。勾兑好的酒装到预先洗刷干净并经严格灭菌的瓶中。

(16) 成品　本品呈琥珀色，色泽鲜艳，酒香浓郁，风味独特，饮后余味绵长，糖度高而无黏甜感。

六、福建粳米红曲黄酒

福建省的黄酒历来是用糯米酿造的，1956 年后，开始普及推广使用粳米酿造黄酒方法。粳米的性质较糯米硬而脆，糠秕厚，不易糊化完全；粳米中的脂肪、蛋白质、粗纤维、灰分等含量也较高，这些都会影响酒的品质。所以对粳米的选择条件如下：①无异味，颗粒均匀，无夹杂物，糠秕、碎米、泥沙应筛除；②质软，蒸熟后有弹性，用晚粳米比早粳米好；③精白度要求比糯米高。

1. 原料配方

(1) 纯用红曲　粳米 100kg，红曲 12kg，水 110kg。

(2) 红白曲混合　粳米 100kg，红曲 4kg，白曲 1.5kg，水 80kg。

2. 工艺流程

原料及曲选择→配料→淘洗→浸渍→淋洗→蒸煮→摊晾→下坛拌曲→糖化发酵→翻醅（开耙）压榨→洗糟→澄清→煎酒→装坛→封缸陈酿→成品

3. 操作要点

（1）配料　因地区的气温差异，酿造操作方法大致可归纳为以下两种。

① 厦门地区的操作法　该法先加白曲粉，以淋饭操作法酿制，待甜液满窝后加入红曲及水，继续进行发酵。本法发酵时间短，成酒快，适宜于冬季气候较暖的地区生产。

② 建瓯地区的操作法　该法用红曲作糖化发酵剂，发酵比较缓慢，制成的黄酒风味有所不同，适宜于冬季气候较寒冷的地区生产。配料分单一种曲（红曲或白曲）和红曲、白曲合用两种。纯用白曲，产品味较差，色淡黄，只有少数厂生产；纯用红曲，虽糖化发酵较缓慢，但成品酒风味较佳，色泽鲜艳；用混合曲糖化发酵比较快。

（2）淘洗及浸渍　粳米较硬，浸渍时间较糯米要长。粳米糠秕较厚，如果不先将其洗涤浸渍，容易产生异味。淘洗时要轻、快，因为米粒吸水变脆易碎。浸米时间根据水温、大米的精白度适当掌握，一般控制在12h左右。浸渍后将大米用水冲洗、淋干。

（3）蒸煮　采用双蒸双淋法，要求饭粒松软、柔韧、不糊、不黏，均匀熟透。

（4）糖化发酵

① 红白曲混合操作法　将蒸饭摊晾至35℃，拌入白曲（也有同时拌入红曲的），翻拌均匀至32℃落缸。每缸装料（以原料米计）50kg，中央挖一空洞，洞的大小视室温而定，通常在15～20℃时，洞深约距缸底10cm。落缸后，温度会继续下降至27℃左右，经4～5h，品温开始回升，再经14～20h，品温回升至33～34℃，饭粒已发软。又经5h，品温升至35～36℃（不可超过37℃），饭粒更软，尝之有甜味，此后约5h，甜液约有15cm深。

品温开始回降时，加第 1 次水，水量为原料米的 35%。拌曲时若未加红曲，应预先将红曲加 7 倍的 15℃温水浸 3～4h，在第 1 次加水时一并加入。加水后，品温即降至 29℃左右。经过 6～8h 品温又回升至 31℃，这时发酵旺盛，再第 2 次加水，水量为原料米的 45%。次日，品温为 31℃左右，将两缸合并成一缸，移至阴凉处。并缸后 10h，品温下降至 27℃左右，从落缸计第 4 天，品温降到 24℃就可以进行第 1 次搅拌，第 7 天进行第 2 次搅拌，第 10 天进行第 3 次搅拌，此时醪盖厚度变薄，酒液也变得逐渐澄清了，品温已降到 17℃左右。若室温 20℃以上，落缸后 15 天即应榨酒。如室温 20℃以下，可继续延长后发酵期，使酒质更加醇和，但必须经常检查醪液的酒精含量、酸度的变化情况，如果酒精含量下降，但酸度上升了，就应立刻压榨进行榨酒了。

② 纯用红曲操作法　先将红曲在所加清水中浸渍 5～6h，再将摊晾至 50～55℃的米饭倒入坛内，每坛装料量为 17.5～20kg。室温在 7～15℃时，落坛品温控制在 28～30℃，并注意保温。落坛后 36～70h，可在坛外听到“嘶嘶”响声。经 5 天后，检查醪液饭粒上浮成盖，即进行第一次搅拌。以后每天一次，连续 3 天，到落坛后第 8 天，每隔一天搅拌一次，直至饭盖消失，酒液澄清，醪中无气泡产生，便可停止搅拌。搅拌和后发酵的管理，对减少出糟率和保证酒质有很大关系。一般在 5～7 天时进行首次搅拌，天热可以提前，反之则推迟。搅拌次数不宜过多，否则发酵醪过烂发糊，使榨酒困难，酒液不易澄清。后发酵期一般为 60～80 天，最短也不能少于 30 天。后发酵期长，有利于减少出糟率，提高出酒率和酒的醇厚味。

(5) 出酒率及出糟率　用粳米酿酒，只要蒸饭熟透，发酵管理严格，成熟醪压榨操作认真，其出酒率、出糟率基本上就能比得上糯米酿酒。糯米黄酒出酒率为 207%～220%，出糟率 33%～37%；粳米黄酒出酒率 195%～210%，出糟率 33%～42%（均为与原料米之比）。

(6) 甜醅酒　用粳米酿造甜醅酒，往往不容易达到应有的糖分。一般的加工方法是将在米粉培养基中生长3日的根霉曲，或用无酵母的白曲（为原料的7%）拌入冷至35℃的米饭中，装入瓦缸内，经过40h糖化后，将其加热至80℃杀酶，迅速冷却，根据成品酒要求的含糖量，加入发酵成熟醪中一起压榨。在一般情况下，如果每1kg醪液中约掺入上述糖化醪3kg，则含糖量要求能增加2%。

七、福州糯米红曲黄酒

福州糯米红曲黄酒使用糯米、红曲、白曲等物料酿制，由于配料的不同，有辣醅（干型）、甜醅（甜型）和半辣醅（介于干型和甜型之间）三种黄酒类别。其中以福建老酒最为闻名，它属于半甜红曲黄酒，酒呈红褐色，艳丽喜人，酒香浓馥，味醇厚优美，柔和爽口，历史久远，多次获全国优质奖。下面以半甜红曲黄酒为例进行介绍。

1. 原料配方

糯米21.25kg，红曲0.813kg，白曲0.63kg，水22kg。

2. 工艺流程

原料及曲选择→配料→浸渍→淋洗→蒸煮→摊晾→下坛拌曲→糖化发酵→翻醅（开耙）→压榨→洗糟→中和→澄清→煎酒→装坛→封缸陈酿→成品

3. 操作要点

(1) 原料及曲选择　①因当地产糯米品质较逊，一般都喜用古田县谷口镇出产的糯米。要求选用肥美整齐、圆实洁白、质地柔软、淀粉含量75%以上的精白米，杂质要少，不含青、红、黑色及霉烂米。②红曲质量要求表面为紫红色，断面为红色，无灰白点，大多数为断粒，但不太碎，气味芳香；将红曲置于水中，大部分能浮于水面，浸渍5～6h，下沉率只有20%左右。③白曲也称药白曲，均使用厦门白曲。要求曲粒洁白、菌丝茂盛，内心纯白无杂色，用手捏之轻松有弹性，口尝微甜稍带苦，并且白曲气味芳香，无异臭、酸败气味，以秋制产品为佳。

（2）配料　以坛为发酵单位配制半辣醅酒的原料，若配料中用水量多，则发酵比较透彻，酒精含量高，残糖也低；反之则酒精含量低，糖分高。气温高，酵母发酵旺盛，应适当增加用水量，一般每坛可多加 1～2kg 水。加水量应根据糯米淀粉含量和气温情况而定。

（3）浸渍　先在坛内或池内倒入清水，再将糯米倒入坛内的水里，用手摊平，使水高出 6cm 左右。浸渍的程度，以米粒透心，指捏能碎即可。一般冬春浸 8～12h，夏天浸 5～6h 为宜。

（4）淋洗　将浸好的大米捞入篓内，用清水从米面冲下，先浇中间，再冲边缘，使米粒淋洗均匀，至流出的水不混浊，然后沥干。

（5）蒸煮　将沥干的大米装入甑内，摊平，使大米均匀疏松，蒸煮以熟透不烂为宜。目前已多用蒸饭机进行蒸煮。

（6）摊晾　将蒸饭倒在饭床上，用木锨摊开，并随时翻动，或用风扇加速冷却。摊晾温度要根据下坛拌曲需要的品温决定。

（7）下坛拌曲　下坛前将坛洗刷干净，然后用蒸汽灭菌，待冷却后盛入清水，再投入红曲，让其浸 7～8h 备用。将米饭用木制漏斗灌入浸好曲的酒坛中，随后加入白曲粉，用手伸入坛底翻拌均匀，再将加饭前捞出的一碗红曲铺在上面，用纸包扎坛口，以防上层饭粒硬化和杂菌侵入。一般下坛拌曲后的品温应掌握在 24～26℃。

（8）糖化发酵　糖化发酵过程的温度控制是关键工艺技术。如果温度过高，容易引起杂菌感染，造成酸败；如果发酵过程中温度太低，则糖化发酵迟缓，酒质差。发酵开始升温的时间一般应控制在下坛后 24h 左右，72h 达到发酵旺盛期，品温也达最高，但不得超过 35～36℃，以后品温开始逐渐下降，发酵 7～8 天，品温已接近室温。这一阶段可归为前（主）发酵期。

（9）翻醅（开耙）　进行搅拌要看醪液的外观情况。如果醪面糟皮薄，用手摸发软，或醪中发出刺鼻酒香，或口尝略带辣、甜，或醪面中间下陷，呈现裂缝，就应进行搅拌。此外，搅拌也与品种有关，如辣醅入坛后14天，甜醅入坛后24～28天，开始第1次搅拌。随后连续3天，每天一次搅拌，以后每隔7～10天再翻拌一次，连续2～3次。搅拌时木耙要深入坛底，每次只搅拌五下，即中间一下，四周各一下，防止捣糊糟粕，不利于压榨。经90～120天，酒醪成熟。

(10) 压榨　将成熟醪倒入大酒桶中，插入抽酒竹篓，压榨2～3h后，酒液流入篓中，用装酒的容器或虹吸管将酒液取出，4～5h后已取出酒液6～8成，则将余下的酒糟于绢袋上进行压榨。压榨3～5h，至流出酒液不呈细流时结束压榨。

(11) 洗糟　经一次压榨后的糟粕尚有残酒，用水搅拌后，再灌入绢袋内进行第二次压榨。每170kg原料的糟粕，加水65～70kg。榨出的酒液倒入一榨的酒中。

(12) 中和　将原酒液与榨得的酒液一并倒入大酒桶内，正常酒液的酸度在0.5～0.7g/100mL之间。每桶酒液以360～375kg计算，用石灰0.75kg，中和后的酸度在0.3～0.4g/100mL之间，经16～20h澄清后，便可杀菌灌坛。

(13) 成品　酒精含量15mL/100mL以上；糖分（以葡萄糖计）5.5g/100mL以上；总酸含量（以琥珀酸计）0.3～0.5g/100mL；酒色黄褐、清亮、透明；酒香有浓郁老酒芳香；酒味醇厚浓郁，余味绵长，甜而无异味。

第三节　新品种黄酒

一、黄米酒

黄米酒是以优质黄米为原料，以小曲甜酒药为糖化发酵剂，采用边糖化边发酵工艺精心酿制而成的低度酒。它兼具黄米和发酵酒的营养保健特点，具有滋肝养肾、健脾暖肝、开胃消食等功效，是人们养身健体的一种较佳饮品。

1. 原料配方

黄米 10kg，蔗糖 1kg，甜酒药 1kg，水 15kg。

2. 工艺流程

原料处理→浸米→蒸饭→淋饭→落缸搭窝→发酵→过滤→杀菌→冷却→过滤→成品

3. 操作要点

（1）原料处理　精选优质黄米，除去砂石等杂质后洗净，备用。

（2）浸米　清洗后的黄米放进容器内浸泡，夏天浸米可用冷水，冬天可用温水（40℃以下），时间为 2～3h。冬天若用冷水浸米，则浸泡时间延长至 6～8h 为宜。一般浸米水应高出米面 3～5cm。浸泡结束后用筲箕取出沥干水分。

（3）蒸饭　将沥干水分的黄米倒入甑蒸熟，大火蒸煮至饭粒疏松不糊，透而不烂，没有团块；饭粒外硬内软，内无白心，吸水充足。

（4）淋饭　蒸熟的米饭要立即用水冲淋，使饭粒分离松散，并迅速降温至 27～30℃，以使透气良好，便于接种发酵。

（5）落缸搭窝　将淋冷后的黄米饭沥去余水倒入坛内。在尽量保持无菌的条件下将甜酒药用量的 2/3 拌进饭中，翻搅均匀，并将米饭中央搭成“倒喇叭”（“U”）形圆窝，要求搭得较为疏松，以不塌陷为准，以便于增加米饭与空气的接触面积，利于好氧性糖化菌的生长繁殖，释放热量。最后将剩余甜酒药洒在米饭表面，用湿纱布封坛口。

（6）发酵　米饭倒入坛后需要进行保温培养，温度对酒药中糖化菌、酵母的代谢生长有很大影响，从而影响发酵效果。发酵 6～7 天，每 12h 测量 1 次糖度、酸度和酒精度。当坛内有气泡产生，米饭浮动，同时糖度下降，酒精含量增加缓慢时，结束发酵，此时坛内产生大量酒液，闻之醇香。

（7）成品　产品呈浅黄色或黄色，酒体澄清透明，有光泽，无明显悬浮物；具有纯正、优雅的米香和酒香；味道甘甜醇厚，具有黄酒典型的风味。

二、玉米黄酒

一般黄酒以大米、糯米或黍米为原料，加入麦曲、酒母边糖化边发酵而成。用玉米楂酿制黄酒，可以解决黄酒原料来源，既找到了一条玉米加工的新路，又降低成本，提高了经济效益。

1. 原料配方

玉米楂 100kg，麦曲 10kg，酒母 10kg，水适量。

2. 工艺流程

玉米楂制备→淘洗→浸米→蒸饭→冷却→拌料（加麦曲、酒母)→发酵→压榨→澄清→灭菌→灌装→储存→过滤→包装→成品

3. 操作要点

(1) 玉米楂制备　因玉米粒比较大，蒸煮难以使水分渗透到玉米粒内部，容易出生芯，在发酵后期也容易被许多致酸菌作为营养源而引起酸败。玉米富含油脂，是酿酒的有害成分，不仅影响发酵，还会使酒有不快之感，而且产生异味，影响黄酒的质量。因此，玉米在浸泡前必须除去玉米皮和胚。

要选择当年的新玉米为原料，经去皮、去胚后，根据玉米品种的特性和需要，粉碎成玉米楂，一般玉米楂的粒度约为大米粒度的一半。粒度太小，蒸煮时容易黏糊，影响发酵；粒度太大，因玉米淀粉结构致密、坚固，不易糖化，并且遇冷后容易老化回生，蒸煮时间也长。

(2) 浸米　浸米的目的是为了使玉米中的淀粉颗粒充分吸水膨胀，淀粉颗粒之间也逐渐疏松起来。如果玉米楂浸不透，蒸煮时容易出现生米，浸泡过度；玉米楂又容易变成粉末，会造成淀粉的损失，所以要根据浸泡的温度，确定浸泡的时间。因玉米楂质地坚硬，不易吸水膨胀，可以适当提高浸米的温度，延长浸米时间，一般需要 4 天左右。

(3) 蒸饭　对蒸饭的要求是，达到外硬内软、无生芯、疏松不糊、透而不烂和均匀一致。因玉米中直链淀粉含量高，不容易蒸透，所以蒸饭时间要比糯米适当延长，并在蒸饭过程中加一次水。

若蒸得过于糊烂，不仅浪费燃料，而且玉米粒容易成团，降低酒质和出酒率。因此饭蒸好后应是熟而不黏，硬而不夹生。

(4) 冷却　蒸熟的玉米糙，必须经过冷却，迅速地将温度降到适合于发酵微生物繁殖的温度。冷却要迅速而均匀，不产生热块。冷却有两种方法，一种是摊饭冷却法，另一种是淋饭冷却法。对于玉米原料来说，采用淋饭法比较好，降温迅速，并能增加玉米饭的含水量，有利于发酵菌的繁殖。

(5) 拌料　冷却后的玉米糙饭放入发酵罐内，再加入水、麦曲、酒母，总重量控制在 320kg 左右（按原料玉米糙 100kg，麦曲、酒母各 10kg 为基准），混合均匀。

(6) 发酵　发酵分主发酵和后发酵两个阶段。主发酵时，玉米饭落罐时的温度为 26～28℃，落罐 12h 左右，温度开始升高，进入主发酵阶段，此时必须将发酵温度控制在 30～31℃，主发酵一般需要 5～8 天的时间。经过主发酵后，发酵趋势减缓，此时可以把酒醪移入后发酵罐进行后发酵。温度控制在 15～18℃，静置发酵 30 天左右，使残余的淀粉进一步糖化、发酵，并改善酒的风味。

(7) 压榨、澄清、灭菌　后发酵结束，利用板框式压滤机把黄酒液体和酒糟分离开来，让酒液在低温下澄清 2～3 天，吸取上层清液并经棉饼过滤机过滤，然后送入热交换器灭菌，杀灭酒液中的酵母和细菌，并使酒液中的沉淀物凝固而进一步澄清，也使酒体成分得到固定。灭菌温度为 70～75℃，时间为 20min。

(8) 灌装、储存、过滤、包装　灭菌后的酒液趁热灌装，并严密封口，入库陈酿一年，再过滤去除酒中的沉淀物，即可包装成为成品酒。

三、糜子黄酒

1. 工艺流程

黍米→洗涤→烫米→散凉→浸渍→煮糜→散凉拌曲→加酒母→糖化发酵→压榨→澄清→过滤→装瓶→成品

（散凉拌曲 ↑ 麦曲（块曲）；加酒母 ↑ 固体酵母；压榨 ↓ 酒糟）

2. 操作要点

(1) 烫米 因黍米颗粒小而谷皮厚，不易浸透，所以黍米洗净后先用沸水烫 20min，使谷皮软化开裂，便于浸渍。

(2) 浸渍 烫米后待米温降到 44℃以下，再进行浸米。若直接把热黍米放入冷水中浸泡，米粒会“开花”，使部分淀粉溶入于水中而造成损失。

(3) 煮糜 浸米后直接用猛火熬煮，并不断地搅拌，使黍米淀粉糊化并部分焦化成焦黄色。

(4) 糖化发酵 将煮好的黍糜放在木盆（或铝盘）中，摊凉到 60℃，加入麦曲（块曲），用量为黍米原料的 7.5%，充分拌匀，堆积糖化 1h，再把品温降至 28～30℃，接入固体酵母，接种量为黍米原料的 0.5%，拌匀后落缸发酵。落缸的品温根据季节而定。总周期约为 7 天。再经过压榨、澄清，过滤和装瓶即为成品。

四、红薯黄酒

红薯黄酒是以谷物、红薯等为原料，经过蒸煮、糖化和发酵、压滤而成的酿造酒。

1. 原料配方

鲜红薯 50kg，大曲（或酒曲）7.5kg，水适量，花椒、小茴香、陈皮、竹叶各 100g。

2. 工艺流程

选料蒸煮→加曲配料→发酵→压榨→杀菌→澄清→陈酿→成品

3. 操作要点

(1) 选料蒸煮 选含糖量高的新鲜红薯，用清水洗净晾干后在锅中煮熟。

(2) 加曲配料 将煮熟的红薯倒入缸内，用木棍搅成泥状。然后将花椒、小茴香、竹叶、陈皮等调料，兑水 22kg 熬成调料水冷却，再与压碎的曲粉相混合，一起倒入装有红薯泥的缸内，用木棍搅成稀糊状。

(3) 发酵 将装好配料的缸盖上塑料布，并将缸口封严，然后置于温度为25～28℃的室内发酵，每隔1～2天搅动一次。薯浆在发酵中有气泡不断溢出，当气泡消失时，还要反复搅拌，直至搅到有浓厚的黄酒味，缸的上部出现清澈的酒汁时，将发酵缸搬到室外，使其很快冷却。这样制出来的黄酒不仅味甜，而且口感好，否则，制出的黄酒带酸味。也可在发酵前，先在缸内加入1.5～2.5kg白酒作酒底，然后再将料倒入。发酵时间长短不仅和温度有关，而且和酒的质量及数量有直接关系。因此，在发酵中要及时掌握浆料的温度。

(4) 压榨、杀菌、澄清、陈酿　先把布口袋用冷水洗净，把水拧干，然后把发酵好的料装入袋中，放在压榨机上挤压去渣。挤压时，要不断地用木棍在料浆中搅戳以压榨干净。有条件的可利用板框式压滤机将黄酒液体和酒糟分离。然后将滤液在低温下澄清2～3天，吸取上层清液，在70～75℃保温20min，目的是杀灭酒液中的酵母和细菌，并使酒中沉淀物凝固而进一步澄清，也让酒体成分得到固定。待黄酒澄清后，便可装入瓶中或坛中封存，入库陈酿1年。

4. 红薯黄酒特点

(1) 所使用的糖化发酵剂为自然培养的麦曲和酒药，或由纯菌种培养的麦曲、米曲、麸曲及酒母。由各种霉菌、酵母和细菌共同参与作用。这些多种糖化发酵剂、复杂的酶系，各种微生物的代谢产物以及它们在酿造过程中的种种作用，使黄酒具有特殊的色、香、味。

(2) 黄酒发酵为开放式的、高浓度的、较低温的、长时间的糖化发酵并行型，因而发酵醪不易酸败，并能获得相当高的酒度及风味独特的风味酒。

(3) 新酒必须杀菌，并经一定的储存期，才能变成芳香醇厚的陈酒。

五、大连黍米酒

大连黍米酒的生产工艺技术与《齐民要术》中的酿酒技法大体

一致，和山东即墨老酒类似，带有浓重的地方色彩。

1. 原料配方

黍米 10kg，麸曲 3kg，酒母 400g，水 50～65kg。

2. 工艺流程

原料→淘洗→烫米→浸米→蒸饭→冷却→加曲→加酒母→落缸→压榨→配兑→煎酒→过滤→灭菌→成品

3. 操作要点

(1) 淘米、烫米　加黍米 10kg，水温为室温，用木楫淘洗，然后用笊篱取出淘净盛到斗中，沥净余水。再加入清水 25～30kg，随即注进 60℃左右热水 25～35kg，用木楫急速搅拌，进行烫米，直至水温降至 20～24℃，即可浸米。

(2) 浸米　冬季浸渍 20～32h，春秋两季为 20h，夏季仅 12h。

(3) 蒸饭　将黍米加入沸水锅中，用铁铲不停地翻拌，一般需 90min 以上。火力要前缓后急，要勤翻，以不煳锅底为原则，煮好的糜为棕褐色。

(4) 冷却、加曲、加酒母　将热糜挖至拌料槽，拌料槽事先已用沸水浸泡灭过菌。用小木楫翻拌，使之速冷。将拌好的麦曲及酵母加入，翻拌均匀。加曲的温度：冬季 25～26℃，夏季 18～21℃。

(5) 落缸　将上面拌好曲和酵母的凉糜，一起倒进缸内，用木楫充分搅拌均匀。发酵温度冬季为 19～21℃，夏季为 17～19℃。7h 后检查品温，当品温升至 33℃左右，并有较刺鼻的气味时，发酵已达到旺盛阶段，用木楫将发酵醪上下翻拌。缸盖要揭开，缸口撇开覆盖物 1/4～1/3。继续使其发酵 7 天。

(6) 压榨　将醪液灌进丝织袋中，捆好袋口，用油压机压榨。每缸酒醪分两次压榨，第一次压出的酒液为原液。第二次加水压榨出的为洗糟水，作调配成品酒度用，多余的洗糟水可作制醋的原料。

(7) 配兑、煎酒、过滤、灭菌　酒液的配兑标准是，酒度在 12.5%以上，糖度为 5%以上，酸度 0.5g/100mL 以下。配制完成后，进行煎酒操作，温度在 80～90℃，然后灌进坛中，静置沉淀，澄清时间为7～14天，也是后熟期，滤取清液灌装灭菌即为成品。

六、灵芝精雕酒

本产品在黄酒酿造的基础上，通过将灵芝提取物、香菇提取物、竹叶提取物、陈年绍兴酒、低聚糖在酿制过程中的有机结合，实现了黄酒酿造工艺新的突破。产品融多糖、类黄酮的保健功效和黄酒的独特风味于一体，不但酒精度降低，而且产品风味别具一格，更加符合当代人们的消费理念。

1. 工艺流程

糯米→筛米→浸米→蒸饭→糖化、发酵→后酵→压榨→澄清→杀菌→储存→过滤→灌装→杀菌→成品酒→入库

2. 操作要点

（1）筛米　将糯米中的米糠及泥砂等杂质进行分离，以提高米的精白度，确保酒质。

（2）浸米　糯米经分筛机后，入浸米池，24℃浸泡24～48h。

（3）蒸饭　浸好的米进入连续卧式蒸饭机，以98kPa蒸汽蒸15～30min。

（4）糖化、发酵　蒸饭冷却后，和麦曲、水、酒母一起进入发酵罐进行糖化、发酵。经48～72h后，加入灵芝提取物、香菇提取物及竹叶提取物。再经96～120h，主发酵结束，此时加入部分低聚糖液。

（5）后酵　控制室温15～18℃，经16～18天敞口发酵，此时视产品质量要求流加陈年绍兴酒及其余糖液。

（6）压榨　酿造完成后主要利用板框式压滤机进行压榨，将酒醅中的酒和糟分离，并调整成分至规定要求。

（7）澄清　由于压榨出来的酒中含有很多微细的固形物，因此压榨后的酒还需静置澄清72～96h，使少量微小的悬浮物沉到酒池底部。

（8）杀菌　澄清后的酒中尚含有一些微生物，包括各种有益菌

和有害菌，此外，还有一部分有活力的酶。为便于酒的储存和保管，酒液采用热交换器进行杀菌，出酒温度控制在85～90℃。

(9) 储存　杀菌后的酒一般存放在已灭菌陶坛中，上覆荷叶、灯盏、箬壳，最后用泥头密封后加以储存。

(10) 过滤、灌装　将储存后的酒通过勾兑，再经硅藻土和微孔滤膜两道过滤后进行灌装，灌装所用空瓶采用碱液和自来水进行多次清洗。

(11) 杀菌　酒液灌瓶后从室温加热至85℃左右维持2～5min，以杀死酒中各类微生物，确保成品酒质量。

(12) 成品酒、入库　灭菌后的瓶酒，由公司检测中心抽样检验。检验合格后，出具检验单，然后入库。

第五章
米酒生产技术

米酒包括甜酒、水酒、酒酿、醪糟，甜酒、水酒是发酵时间稍长且经过滤的产品；而酒酿、醪糟是刚产生酒味就不继续发酵和糟一起食用的产品。米酒的主要原料是糯米，经特种酒曲按传统发酵工艺加工制成。米酒的酒精度一般为1.5%～3.5%。米酒酿制工艺简单，口味香甜醇美，乙醇含量极少，因此深受人们喜爱。

第一节　醪糟

一、凉醪糟

凉醪糟是在传统醪糟酿制的基础上，采用井水作为原料酿制成的一种解暑佳品。

1. 原料配方

糯米1kg，甜酒曲50g，井水3kg。

2. 工艺流程

原料处理→上甑蒸熟→拌曲→入缸搭窝→发酵→成品

3. 操作要点

(1) 原料处理　糯米淘两次滤净，浸泡约5h捞起，倒清水淋透沥干。

(2) 上甑蒸熟　上甑用旺火蒸至上汽，捏米如无硬心时，把甑提起，放在木盆或筲箕上，用井水3kg淋透后，沥干。

(3) 拌曲、入缸搭窝　将沥干的熟糯米倒入簸箕内刨散，加入5%的甜酒曲和匀，装缸放到谷草或棉絮盘成的窝中（夏季不用窝子），刨平缸内糯米表面（不能沾水），用口袋或棉絮盖约15cm厚，封好。

(4) 发酵　发酵约两天半揭开，有甜酒味即成。如缸内有结块，可搅匀搅散。

二、蒲江醪糟

1. 原料配方

糯米10kg，米曲（研细）夏季30g、冬季50g，曲子夏季34g、冬季40g，水适量。

2. 工艺流程

原料选择与处理→洗米→泡米→蒸煮→晾晒→拌曲→进缸→发酵→成品

3. 操作要点

(1) 洗米、泡米　将糯米反复淘净，清水泡胀后（大糯米夏季泡1h，冬季泡2h，小糯米夏季泡20min，冬季约泡30min），滤干水分。

(2) 蒸煮　装入饭甑用旺火蒸熟（大糯米蒸1h，小糯米蒸40min，缸钵放甑加盖，以使蒸时消毒与保温），均匀过水约10kg。

(3) 晾晒、拌曲、进缸、发酵　将过水后的甑底烧沸，用具再次消毒后，倒蒸熟的糯米于大簸箕内晾一下（夏季晾至25℃，冬季晾至40℃），徐徐撒入曲子和匀，装入缸钵，放入窝子内（此时米粒、缸体、窝子均应保温在25℃，夏季则不用入窝子），发酵约2天出缸。

三、临潼醪糟

临潼醪糟是陕西临潼的地方小吃，用糯米经发酵制成。

1. 原料配方

糯米 6kg，清水 20kg，醪糟曲 12g。

2. 工艺流程

原料选择与处理→洗米→泡米→蒸煮→拌曲→发酵→成品

3. 操作要点

（1）原料选择与处理　选择粒大而均匀的糯米，淘洗干净，放入瓦钵内，加清水淹没浸泡 1h，用筲箕沥干。

（2）蒸煮　木甑放置蒸锅上，待甑内上汽之后，将糯米均匀松散地舀入，加盖用旺火蒸 1.5h。取出倒在大筲箕内摊开，用 20kg 清水从糯米上淋下过滤，使淋散沥冷的糯米温度保持在 30～32℃。

（3）拌曲、发酵　将蒸熟的糯米舀入瓦钵内，把醪糟曲碾成细粉，顺着一个方向用手均匀地加入。然后用木棒抹平，中心处挖一个深、宽各 2cm 的圆洞。钵面遮以消毒布，盖上木盖，外面罩上麻袋，放入专制的发酵锅内发酵，发酵温度应保持 30～32℃。发酵时间夏季一般 24h，冬季 48h，春秋季 36h。

四、荞麦醪糟

荞麦醪糟也叫荞麦甜酒，结合了荞麦和甜酒的优点，在传统甜酒制作工艺上略作改进，成为一种全新饮品。

1. 原料配方

荞麦 10kg，大米 10kg，种曲 0.3～0.5kg，水适量。

2. 工艺流程

（1）米曲生产工艺

大米→手工挑选→洗米→浸米→蒸米→冷却→接种→制曲→米曲

（2）甜醪糟生产工艺

荞麦→稀饭→糖化（加入米曲）→杀菌→包装→成品

3. 操作要点

（1）浸米、蒸米　取用清水淘洗过的糯米，加水浸泡，使水面高出米面 10～20cm。根据温度控制浸米时间，夏季一般 6～8h，冬季 12～16h。大米浸好后，应充分控干水，以防蒸煮后过黏。捞起后放到蒸锅内蒸熟，使无硬心，且不太烂即可。

（2）接种、制曲　最主要的就是防止杂菌污染。在制曲过程中需经过 2～3 次翻曲，使曲温控制在 35～40℃。从接种到制曲结束约需 40h。出曲后可用肉眼观察曲菌生长的好坏，菌丝在米粒的表面伸展开，并且深入到米粒的内部，则为好曲，有香味而无异味。

（3）稀饭　大米与荞麦一起熬煮稀饭。主要控制水分和时间，要求米粒酥软无夹心。

（4）糖化　糖化时应注意将稀饭冷却，加入米曲后的配料温度应控制在 50～55℃（米曲加入量为大米用量的 3%～5%）。糖化约需 20h。

（5）杀菌　杀菌条件为 85℃，5～10min。杀菌后要快速冷却到 35～40℃，以防止饭粒发黄。

五、固体甜醪糟

1. 原料配方

糯米 10kg，甜酒药 40～100g，柠檬酸 5～10g，水适量，蜂蜜适量，白酒少许。

2. 工艺流程

糯米→清洗→浸米→蒸饭→冷却→拌甜酒药→搭窝→保温发酵→鲜甜酒酿→调配→冷冻→成品

3. 操作要点

（1）清洗　选择上等糯米，用自来水清洗，除去其中粉尘，至洗水清亮为止。

（2）浸米　取用清水淘洗过的糯米，加水浸泡，使水面高出米面 10～20cm，根据温度控制浸米时间，夏季一般 6～8h，冬季 12～16h，用手碾磨无硬心为止。

（3）蒸饭　将米放到高压锅内，开锅后蒸 10～12min。蒸煮完成标准：松、软、透，不粘连为好。

（4）拌甜酒药　等饭冷却至35℃，加入米量0.4%～1%的甜酒药，充分搅拌，使米、药混合均匀。

（5）保温发酵　将上述混合物在30℃下保温发酵，24h即有汁液浸出，待窝内出现2cm的液体后，开耙发酵，三天后即为鲜甜酒酿。

（6）调配　将鲜甜酒酿按照一定的要求加入适量的柠檬酸、蜂蜜、白酒（也可不加），放入冰箱中，将鲜甜酒快速冻结成固体，即成固体甜醪糟。

六、涪陵油醪糟

涪陵油醪糟又名猪油醪糟，为涪陵特色小吃。《涪陵辞典·名小吃》中有载：公元1799年春节，时值川东白莲教战乱期间，一鹤游坪富绅人家到涪陵城避乱，又喜添人丁。亲朋好友前来道喜祝贺，主人吩咐煮汤圆招待客人，由于客人众多，搓汤圆根本来不及，厨子便将供太太坐月子吃的醪糟煮鸡蛋，再加了些汤圆芯子给每位客人吃。客人们吃后赞不绝口，问是什么东西，厨子情急之中答曰："油醪糟煮荷包蛋"。从此，涪陵满城竞相效仿。

1. 原料配方

（1）主料　糯米5kg，醪糟曲0.3g，水适量。

（2）辅料　黑芝麻1kg，猪油2kg，橘饼50g，白糖2.5kg，蜜枣50g，花生仁250g，瓜片50g，核桃仁250g，桂花少量。

2. 工艺流程

原料处理→上甑蒸熟→拌曲→入缸搭窝→发酵→入锅煎煮→成品

3. 操作要点

（1）原料处理　选粒大而均匀的糯米，淘洗干净放到瓦钵内，加清水淹没浸泡1h，用筲箕沥干。

（2）上甑蒸熟　木甑放置蒸锅上，待甑内上汽之后，将糯米均匀松散地舀入，加盖用旺火蒸1.5h。糯米蒸透心后，倒在筲箕内摊开，用10kg清水从糯米上淋下过滤，使淋散沥冷的糯米温度保持在30～32℃。

（3）拌曲、入缸搭窝　将蒸熟的糯米舀到拌料的瓦钵内，把醪糟曲碾成细粉，顺着一个方向用手均匀地加入。然后，再将米捧到专用发酵的瓦钵内抹平，于中心处挖一个深、直径各6cm的圆洞。钵面用消毒布盖严，盖上木盖，外面罩上麻袋（或棕衣、草帘），放入特制的发酵窝内发酵。

（4）发酵　温度应保持在30～32℃。发酵时间夏季一般24h，冬季48h，春秋季36h。醪糟在发酵钵内浮起，可以转动，待中心圆洞内完全装满汁水即成醪糟。

（5）进锅煎煮　猪油下锅煎到70～80℃，放进醪糟、芝麻面及剁碎的橘饼、核桃仁、花生仁、瓜片、桂花、蜜枣等辅料，待醪糟煮沸后，再稍煮一会儿即成。

七、临潼桂花甜醪糟

临潼桂花甜醪糟也叫桂花酒酿，俗称甜白酒，选用上等白糯米、桂花和酒药配制酿成，芳香、甜润，已有1000余年历史。

1. 原料配方

糯米10kg，桂花3kg，甜酒曲150g，水适量。

2. 工艺流程

糯米→清洗→浸泡→沥水→蒸饭→淋饭→降温→拌曲→加桂花→发酵→桂花甜酒酿→杀菌→成品

3. 操作要点

（1）清洗、浸泡　糯米应先淘洗干净，用水浸泡过夜。

（2）蒸饭　捞起放置于有滤布的蒸屉上，在蒸锅内蒸熟（使其糯米无硬心，且不太烂为佳）。

（3）淋饭　用少量凉开水淋饭，使米饭冷却到34～36℃。要求迅速而均匀，不产生团块。

（4）拌曲、加桂花　加入1.5%的甜酒曲和30%的桂花，搅拌均匀。

（5）发酵　在28～36℃，发酵60h，杀菌后即为成品。

(6) 本品呈现自然、鲜亮均匀的金黄色；米粒均匀、完整，无其他颗粒状杂质，略带黏稠感；具有甜酒酿特有的浓郁香气，又有桂花独特的清新淡雅味道，诸香协调，清新宜人；酒香纯正，甜味适中，丰满醇厚，具有愉快的桂花特有香气。

第二节　米酒

一、碎米酒

1. 原料配方

碎米 10kg，谷糠 3kg，水 5kg，曲 100g。

2. 工艺流程

选米淘洗→浸泡→上甑蒸料→摊晾加曲→糖化→发酵→澄清陈酿→成品

3. 操作要点

(1) 浸泡　将碎米摊在地上拌以 30%的谷糠，拌匀后泼 50%的冷水，翻均匀，使之堆积成丘形，减少水分的挥发，闷 12h 左右，米可透心，手捻成粉即可。

(2) 上甑蒸料　先将锅底水烧热到 70～80℃，舀出一部分(为投粮量的 50%)，然后把火烧开，铺上笆子，撒一层糠壳，把碎米渐次装入蒸甑，装好，圆汽后蒸 1.5h，米结成大块团，手摸时软而微有弹性，随即挖出一部分放在席上摊放，甑内部的和席上的都要同时进行翻动，泼入 60～70℃的温水 50%，翻动后将摊席上的碎米装入甑内，上面撒一层谷糠，进行复蒸（大火），经过 90min 谷壳打湿，米成软而透明散疏状，用木锨拍，弹性很大，即可出甑。

(3) 摊晾加曲　出甑后在摊席上翻 2～3 次，即可撒第一次曲，冬天 36～37℃，夏天在 28～32℃。再翻一次撒第二次曲，拌和均匀，用曲量为 1%，可入箱进行糖化，温度控制在 21～22℃。

（4）糖化　入箱糖化 12h 不升温，以后渐升，至 24h，一般升温 37～40℃，米结成块、色黄。至泛油光、有甜味时可出箱，糖化时间为 25～26h。

（5）发酵　配糟温度冬天为 25℃，夏天为室温或高于 1～2℃。夏天降温可加凉开水，水量为原料的 30%。

配糟数量冬天 1∶2，夏天 1∶4，发酵 24h，温度为 26～27℃，48h 为 33～34℃，72h 升高到 38～40℃，最后蒸馏时降至 32～34℃，发酵 5 天蒸酒。

二、老白米酒

江苏海门的大多数家庭都会酿制老白米酒。每年农历十月是丰收的季节，也是酿酒的最佳时机，家家户户都忙着酿些酒来迎接新年，以祈求来年风调雨顺，合家欢乐。

1. 原料配方

大米 10kg，专做“老白米酒”用的酒曲 140g，水 15kg。

2. 工艺流程

原料米→淘米→蒸米饭→冲凉→准备酒曲→加酒曲→装缸→加盖→加凉开水→收获→保存→成品

3. 操作要点

（1）淘米　将米淘洗干净，在水中浸泡 4h 左右。

（2）蒸米饭　将米放进蒸锅（笼）内蒸熟。

（3）冲凉　将蒸熟的米饭，用凉开水冲凉降温，使米饭的温度降至 30℃左右（冬季可适当高些）。

（4）准备酒曲　按每 10kg 米加酒曲 140g 的量，先把酒曲研成粉末，再加适量面粉拌匀待用。

（5）加酒曲　将米饭放进较大的容器中，取上述准备好的酒曲 3/4 的量与米饭搅拌，充分混匀。

（6）装缸　将拌匀的米饭装进清洁的瓦缸中，把米饭压紧，并在米饭中间挖一个小洞。然后再把留下的 1/4 酒曲粉末，均匀地抖撒在米饭的表面上。

(7) 加盖　在瓦缸口上加一层纱布，然后用稻草编织的草帘子盖上，放置25～28℃环境下（注意环境温度不能超过28℃），发酵72h。

(8) 加凉开水　按每千克米加水1.5kg的比例，加入凉开水。盖好缸口再发酵7天。

(9) 收获　将上层的酒液取出，用纱布袋（或尼龙袋）将酒渣（糟）挤压出剩余的酒液，与上层收获的酒混合，即可饮用。每千克米可酿出老白米酒1.5kg左右。

(10) 保存　将米酒装入小口瓶密封，一般可保存3～4个月，冬季稍长些。如放在冰箱内冷藏，则可保存半年以上。

三、黑糯米酒

黑糯米酒是布依族用当地的特产黑糯米为原料，用布依族代代相传的古老方法酿制而成的低度美酒。过去布依族虽把它作为待客的上品，但从未把酿制的方法向外族人传授。直到1979年贵州省惠水县酒厂才发掘出这一珍贵品种。在收集整理此酒古老的酿制方法后，再结合现代酿酒工艺，反复研制，酿制出风格独特的黑糯米酒。1983年被评为“贵州名酒”。

此酒晶莹透明，红亮生光，香气幽雅悦人，酒味酸甜爽口，醇厚甘美，酒体协调，在米酒中独具一格。

1. 原料配方

黑糯米10kg，米曲0.5～1kg，白砂糖1kg，柠檬酸0.1kg，水适量。

2. 工艺流程

选米→洗米→浸泡→蒸饭→摊晾→拌曲→糖化→发酵→制糖浆→调配→过滤→杀菌灌装→成品

3. 操作要点

(1) 选米　选用新鲜、无霉变的黑糯米，若能用当年的新米更好。之所以用新米，是因为黑糯米糊粉层含的脂肪较多，储存时间长了，脂肪会变质，产生“哈喇”味，会影响米酒风味。

（2）洗米　用清水冲去米粒表层附着的糠和尘土，洗到淋出的水清为止，同时除去细砂石等杂物。

（3）浸泡　浸泡目的是使米中的淀粉充分吸水膨胀，疏松淀粉颗粒，便于蒸煮糊化。浸泡时间为 2～3 天。由于黑糯米皮层较厚，吸水性较差，冬天可适当提高水温。以用手指捏米粒成粉状，无硬心为准。米吸水要充分，水分吸收量为 25%～30%。米泡不透，蒸煮时易出现生米；米浸得过度而变成粉米，会造成淀粉的损失。

（4）蒸饭　蒸饭可使黑糯米的淀粉受热吸水糊化，或使米的淀粉结晶构造破坏而糊化，导致易受淀粉酶的作用并有利于酵母菌的生长，同时也进行了杀菌。蒸饭为常压下进行两次蒸煮，目的是使糯米饭蒸熟、蒸透。第一次是蒸至上汽 10min 后停火，打开蒸箱盖搅动一下饭，洒一些水再蒸至上汽后 30min 即可。要求达到外硬内软，内无白心，疏松不糊，透而不烂和均匀一致。不熟和过烂都不行。

（5）摊晾　将米饭摊开，进行自然冷却。其缺点是占用面积大、时间长，易受杂菌侵袭和不利于自动化生产。

（6）拌曲　将米曲碾成粉状，过 60 目筛后，拌进摊晾的米饭中，拌匀。加入量一般为用米量的 5%～10%。

（7）糖化　将拌了曲的饭再投入洗净的发酵缸中，量为大半缸。把饭搭成喇叭状，松紧适度，缸底窝口直径约 10cm，再在饭层表面撒少许酒药粉末。搭窝后，用竹片轻轻敲实，以不会塌落为准。最后用缸盖盖上，缸外面用草席围住保温。经 36～48h，饭粒上白色的菌丝黏结起来，饭粒软化并产生特有的酒香。这时，甜酒液充满饭窝的 80%。

（8）发酵　此时可将缸盖打开倒进冷开水，淹没糖化醪。用干净的竹片搅动一下糖化醪，此时醪温为 20～24℃，盖上缸盖让醪液发酵。一般发酵 10～15 天，其间每隔 10～20h 开盖搅拌一次，控制品温在 30℃以下，同时也可增加供氧量，有利于酵母菌发酵活动进行，抑制乳酸菌生长。15～20 天后观察醪盖下沉即可停止发酵。此时酒度为 12%～15%。

(9) 制糖浆　将白砂糖、柠檬酸调配制成60%的糖浆备用。

(10) 调配　将发酵上清液吸出，放进容器内进行调配，用糖浆调整发酵液糖分为10%、酸度为0.45g/100mL，再用食用酒精将发酵液酒度调到17%，盖上盖子搅拌10min混匀。

(11) 过滤　调配好的酒液通过硅藻土过滤机过滤即得澄清酒液。

(12) 杀菌灌装　灌装后的产品放进杀菌装置中，杀菌温度为85～90℃，杀菌时间25～30min。经杀菌后，酒度降低0.3%～0.6%，在调配时应考虑到这个损耗，所以酒精含量可适当调高一点。杀菌后可趁热灌装密封，储藏3个月以后就可以上市销售。产品色泽呈现紫红色，晶莹剔透，具有独特的黑糯米芳香气味。

四、苗族米酒

滇东南苗族聚居区的苗族以大米酿制米酒。苗族米酒是大米发酵而成的原汁米酒，含糖量高，酒精度低，是解除疲劳、清心提神的最佳饮品。苗族群众常用以佐餐，“白酒泡包谷饭”是滇东南苗族的传统饮食习俗。

1. 原料配方

大米或糯米10kg，酒曲500g，水适量。

2. 工艺流程

原料选择与处理→浸洗→蒸饭→凉饭→入缸搭窝→发酵→成品

3. 操作要点

(1) 原料选择与处理　挑选无病虫害、无腐烂霉变的大米或糯米，洗净后备用。

(2) 浸洗　将用以酿酒的原料米用清水浸泡透心。

(3) 蒸饭　将浸泡透心或煮熟的原料米装在甑子内用猛火蒸透。

(4) 凉饭　酒饭蒸透后出甑，放在干净的竹席或筲箕上，摊开，使酒饭自然降温变凉。夏天须凉透，冬天则由于气温较低，酒饭降到手触有温暖感为止。

（5）入缸搭窝　酒饭凉到符合要求后，撒上原料量5%的酒曲，再淋少许凉开水，搅拌均匀，即可装入清洗晾干的罐中。于中心处挖一个深、宽各6cm的圆洞，在表面再撒上一层酒曲。

（6）发酵　发酵10天左右即为成品。产品酒色泽棕黄，状若稀释的蜂蜜，香味馥郁、甜润爽口。

五、山药米酒

在制作米酒的过程中添加适量的山药，可以使米酒具有山药的风味，还可以使米酒的营养成分更加丰富，赋予山药米酒特殊的保健功能。

1. 原料配方

（1）主料　山药汁10kg，大米50kg，水适量。

（2）辅料　蔗糖3.5kg，淀粉酶5g，糖化酶5g，活性干酵母5g，焦亚硫酸钠3.5g。

2. 工艺流程

山药汁制备
↓
大米清洗→浸泡→磨浆→液化→糖化→过滤取汁→混合配料（加山药汁）→活化酵母→发酵→陈酿→澄清→调配→杀菌→灌装→成品

3. 操作要点

（1）山药汁制备　选新鲜山药洗净、去皮后，放进搅拌机中破碎出汁。破碎打浆后的山药汁应尽快糊化，增强护色剂的护色效果，有效防止放置中出现的褐变问题，保证成品质量，同时也起到杀菌作用，提高出汁率。加热处理以蒸煮法，温度85～90℃为宜。

（2）大米清洗、浸泡　选优质大米洗净，然后放入在40～45℃水中浸泡6h。

（3）磨浆、液化、糖化、过滤取汁　对浸泡过后的大米进行磨浆。磨浆结束后，加进淀粉酶升温至98℃，保温30min后，冷却到70℃，加入糖化酶糖化1h，用板框过滤。

(4) 混合配料 山药汁、大米汁按1∶5混合，灭菌，冷却至30℃，放进发酵缸。

(5) 活化酵母 将部分蔗糖溶解制成5%的糖溶液，然后煮沸，冷却到30～40℃。加入活性干酵母，搅拌均匀，放置30min即可得到酵母活化液体。

(6) 发酵 将活化好的干酵母加入山药、大米混合汁中，密闭发酵，温度25℃左右。当发酵液中糖度降至7%～8%时，添加7%蔗糖；当发酵液糖度第二次降至7%时，再加5%蔗糖；当残糖为0.5%～1%时，换罐，再添加焦亚硫酸钠，15～22℃发酵3～5天。

(7) 陈酿 在8～15℃的温度下陈酿3～6个月。第一次换桶时添加酒精，使酒精体积分数在10%左右，虹吸法换桶2次。

(8) 调配 将澄清的酒液调配好，存放一定时间，过滤后装瓶。若一些指标达不到要求，可以加入糖浆、柠檬酸、优质脱臭酒精、水进行调配，得到质量一致的成品。然后经杀菌、灌装即为成品。

六、山楂米酒

山楂米酒在北方各地有着悠久的酿制历史，因其特殊的功效深得大众喜爱。

1. 原料配方

山楂10kg，桂圆肉10kg，红枣1.2kg，红糖1.2kg，米酒40kg。

2. 工艺流程

原辅料加工→调配（加米酒、红糖）→密封浸泡→过滤→澄清→成品

3. 操作要点

(1) 原辅料加工 先将山楂、桂圆肉、红枣洗净去核沥干，然后加工成粗碎状。

(2) 调配、密封浸泡 将果料倒进干净瓷坛中，加米酒和红糖搅匀，加盖密封，浸泡10天。

（3）过滤、澄清　在浸泡10天后开封，过滤、澄清即可食用。

七、花露米酒

花露米酒江苏多地均有酿制，是一种常见的米酒，营养成分非常丰富，是佐餐佳品。

1. 原料配方

糯米10kg，酒曲60g，面粉60g，白酒20kg，水适量。

2. 工艺流程

糯米→淘米→蒸米饭→冲凉→准备酒曲→加酒曲→装缸→密封缸口→加白酒→收获→成品

3. 操作要点

（1）淘米　将米淘洗干净，在水中浸泡12h。

（2）蒸米饭　将洗净的米放入蒸锅（笼）内蒸熟。

（3）冲凉　蒸熟的米饭用凉开水冲凉降温，使米饭内温度降至30℃左右（冬季可适当高些）。

（4）准备酒曲　按每5kg糯米加酒曲30g的量，把酒曲研成粉末，并加进适量面粉与酒曲拌匀，待用。

（5）加酒曲　将已蒸熟的米饭放入较大的容器中，加入上述准备好的酒曲约3/4的量，与米饭充分搅拌混匀。

（6）装缸　将拌好的米饭立即装进清洁的瓦缸中。装入的量只能占瓦缸容量的30％～40％。用手把米饭按紧，并在米饭中央挖一小洞。然后再将剩下的1/4量的酒曲粉末均匀地撒在饭的表层。

（7）密封缸口　装缸后加盖，然后将缸口密封，置于（30±1)℃的环境下发酵72h。

（8）加白酒　按每千克米加2kg酒度为60％左右的白酒的比例，加入发酵缸中。封闭缸口，置于（28±1)℃的环境下继续发酵90～100天。

（9）成品　开缸后将上层的酒液取出即可。酒呈金黄色，酒质浓厚，酒味芬芳，绵甜可口。

八、半干型米酒

半干型米酒在福建沿海等地均有酿制，直接饮用、佐餐皆可，是在传统米酒酿造基础上，沿海等地人民群众自行研发的一类产品。

1. 原料配方

大米 10kg，葡萄干 10kg，白糖 23kg，柠檬 20 个，酵母营养基 20g，维生素 B_1 20 片，凉水 60L，凉开水 30L，葡萄酒酵母粉 100g。

2. 工艺流程

大米、葡萄干→切碎、碾碎→倒桶（缸）→拌曲→加水→静置→搅拌→发酵→倒桶（缸）→后发酵→澄清→成品

3. 操作要点

（1）切碎、碾碎　将葡萄干切碎，大米洗净，碾碎；柠檬皮切成小条。将上述原料与白糖一起放进发酵桶（缸）内，加入凉水，充分搅拌，使糖完全溶化。

（2）拌曲　待凉后加入酵母营养基，搅拌后再挤进柠檬汁。

（3）加水　加入凉开水。

（4）静置　静置 2～3h 后，将葡萄酒酵母粉轻轻撒在液面上。封好桶口，置于 23～25℃环境下发酵。

（5）搅拌　每天必须搅拌 1～2 次。

（6）发酵　发酵 10～12 天，用虹吸法将酒液移至小口发酵桶（瓶）内，将沉淀物（米粒等）装入挤压袋（纱布或尼龙）内，悬挂起来，让其中液体流出，不需挤压。注意虹吸时不要将沉淀物吸起。

（7）倒桶　将维生素 B_1 20 片研成粉末，用少许热水溶化后加入，置 15～18℃阴凉处进行二次发酵。10 天左右，倒桶，剔除沉淀物。

（8）后发酵　继续发酵，直至发酵活动停止，倒桶，剔除沉淀物。

(9) 澄清　静置1个月左右，待酒液完全澄清后，装瓶。储存3～4个月，即可饮用。

九、红枣糯米酒

红枣糯米酒是灌阳县著名的传统食品，是以糯米、红枣为主要原料精心酿制而成的。

1. 原料配方

糯米10kg，干红枣1kg，白曲500g，米烧酒500g，水适量。

2. 工艺流程

原料选择→浸米→蒸饭→摊晾→拌曲→糖化发酵→加酒→加干红枣→后发酵→压榨→澄清→成品

3. 操作要点

(1) 原料选择　选择色泽良好、无虫蛀、无霉变的优质精白长形糯米。

(2) 浸米　将糯米淘洗干净后再浸泡，让米充分吸水。浸泡时间夏季为3～5h，冬季为5～8h。浸泡后的糯米粒应保持完整，手捻易碎，断面无白心，吸水量以25%～30%为宜。夏季浸泡时应勤换水，以免酸败。

(3) 蒸饭　先用清水冲去米浆，沥干，用铝锅蒸煮，待蒸汽逸出锅盖时开始计时，15min洒水1次，以增加饭粒含水量，共蒸30min。蒸好的米要求达到外硬内软、内无白心、疏松不糊、透而不烂和均匀一致为好。

(4) 摊晾、拌曲　将米饭出甑后，倒在竹席上摊晾。待饭温降至36～38℃不烫手心时，撒进酒曲，白曲用量为5%，拌匀。

(5) 糖化发酵　拌曲后让米饭进行糖化发酵，发酵温度控制在28～30℃之间。

(6) 加酒　发酵的酒酿中分两次加入米烧酒。第一次加米烧的目的是为了降低发酵温度，避免酸度过大，以使酒液甜酸恰到好处；第二次加米烧酒是为了调整酒度，以达到标准要求。

(7) 加干红枣、后发酵　在发酵的中期投入干红枣，即进入后期发酵。

(8) 压榨、澄清、成品 经过压榨、澄清后，该酒的酒色呈现橙红，晶亮透明，具有香醇馥郁，甜净爽口，糖度高而无黏稠感。

十、八宝糯米酒

1. 原料配方

糯米10kg，小曲100g，枸杞、莲子、葡萄干、核桃仁、花生仁、青豆、红豆、银耳、蔗糖、乳酸、食用酒精各适量。

2. 工艺流程

选料→浸米→蒸饭→淋饭→下缸→糖化发酵→调配（蔗糖、乳酸、食用酒精、红豆、青豆、莲子、花生仁、核桃仁、银耳、枸杞、葡萄干）→装瓶→杀菌→成品

3. 操作要点

(1) 选料 选用当年产的新鲜糯米，要求粒大、完整、精白、无杂质、无杂米。

(2) 浸米 糯米经淘洗净后，进行浸米，浸米水一般要超出米面10cm左右。冬季浸米一般需24h以上，夏季浸米，以8～12h为宜。以用手捻米能成粉末为度。

(3) 蒸饭 先用清水冲去米浆，沥干，用铝锅蒸煮，待蒸气逸出锅盖时开始计时，15min洒水1次，以增加饭粒含水量，共蒸30min。蒸好的米要求达到外硬内软、内无白心、疏松不糊、透而不烂和均匀一致为好。

(4) 淋饭 将蒸好的米置于纱布内，用清水淋凉。反复数次，淋至24～27℃，使饭粒分离。

(5) 糖化发酵 冷却后糯米拌入小曲进行搭窝（小曲用量为干糯米量的1%），搭窝的目的是增加米饭和空气的接触面积，有利于好气性糖化菌生长繁殖。搭窝后，把糖化容器放入恒温培养箱内，让米进行糖化发酵，恒温箱内温度控制在28～30℃，大约在24h，有白色菌丝出现，冲缸，冲缸用水量为干米量的3.6倍。

（6）调配　目的主要是对米酒的酸度、糖度、酒精度进行调整，并加入适量的八宝料。料中莲子、花生仁、青豆、红豆在加入前进行单独预煮，目的是使其成熟、口感好。莲子要先除去小芽，花生仁应先除去外部红衣。加水量要适宜，以煮制后水仍淹没小料为准，煮熟后，倒出蒸煮水，沥干水分待用。核桃仁须除去瓤皮。银耳先用温水浸泡。枸杞、葡萄干等以洗去外部杂物为准。用蔗糖、乳酸、食用酒精调出适合大众口味的糖度、酸度、酒精度。

（7）装瓶　将调制好的八宝糯米酒装瓶。

（8）杀菌　目的是杀死大部分微生物，钝化酶，保持糯米酒质量的稳定。杀菌可采用以下 4 种方法：78℃水浴 40min；121℃高压加热 10min；蒸汽（100℃）加热 20min；95℃加热 20min。

（9）成品　经过杀菌处理的八宝糯米酒即为成品。

十一、明列子米酒

明列子原产于印度，是一种罗勒属植物的成熟果实，又名兰香子或罗勒籽。其大小如芝麻，将其浸泡于开水中会迅速吸水膨胀，摄入人体后可促进肠道蠕动，有助于消化。除此外，还可清肠明目，对食物中许多的有害成分具有解毒作用。明列子米酒是在用糯米酿造成的米酒中加入明列子制成的一种具有营养保健功能的米酒。

1. 原料配方

糯米 10kg，甜酒曲 20～30g，明列子 1kg，麦芽糖浆 500g，白糖 500g，柠檬酸 100g，水适量，食品防腐剂、悬浮剂各适量且符合国家 GB 2760 添加标准。

2. 工艺流程

原料选择→糯米浸泡→蒸饭→冷却→拌曲→发酵→调配→成品

3. 操作要点

（1）原料选择　选择色泽良好、无虫蛀、无霉变的优质精白长形糯米。

（2）糯米浸泡　将糯米淘洗干净后再浸泡，让米充分吸水。浸泡时间夏季为3～5h，冬季为5～8h。浸泡后的糯米粒应保持完整，手捻易碎，断面无硬心，吸水量以25%～30%为宜。夏季浸泡时应勤换水，以免酸败。

(3) 蒸饭　将浸好的糯米装入蒸饭桶内蒸熟。米层厚度控制在10cm左右，蒸饭时间控制在25～30min。要求蒸出的饭粒外硬内软、内无白心、不糊不烂。

(4) 冷却　有淋冷法和摊凉法。淋冷法采用无菌水淋冷，适于夏季操作。摊凉法是将饭粒摊开冷却，适于冬天操作。

(5) 拌曲　把甜酒曲研碎过筛，拌进冷却沥干的糯米饭中。拌曲量一般为干糯米重的0.2%～0.3%。

(6) 发酵　发酵时控制发酵温度在28～30℃，室内保持通风，发酵时间为2～3天。发酵至酸甜适度、米粒完整为佳。发酵完成后把明列子先用开水浸泡10min左右。用开水冲洗干净备用。

(7) 调配　调配工序是农村一般土法制米酒所没有的，技术性较强，必须严格操作。将悬浮剂（专用食品添加剂）与白糖混合，加入冷水中。把冷水加热至沸腾并保持5～10min，使悬浮剂完全溶解，保持温度在80℃调配备用。把酒糟用无菌水冲散、加热灭菌，冷却至80℃与明列子、麦芽糖浆、柠檬酸等一起加入悬浮液中，用无菌水定容，灌装后即为成品。

十二、板栗糯米酒

1. 原料配方

(1) 主料　板栗10kg，糯米40kg，甜酒曲150g，食用酒精150g，水适量，香醅酒适量。

(2) 辅料　黄芪1kg，党参1kg，杜仲1kg，枸杞子1kg，龙眼肉1kg，黄桂1kg，当归1kg，蜂蜜1.5kg，40°优质白酒8kg，糖适量。

2. 工艺流程

原料处理→蒸煮→落缸→前发酵→后发酵→压榨→煎酒→调配→成品

3. 操作要点

(1) 原料处理　先将新鲜板栗去壳，装入广口瓦缸中，加入自来水使之浸水 24h，水面高出板栗 10cm 左右。浸水过程中，夏天 6h 换 1 次水，其他季节 8h 换 1 次水。浸水结束后，用粗粉机将其破碎，破碎粒度以绿豆粒大小为宜，并注意将其汁液一并收到不锈钢锅中。

(2) 蒸煮、落缸、前发酵　糯米与板栗分开蒸煮，糯米的蒸煮时间掌握在 1.5～2h，板栗 2.5h。待蒸煮后的原料降温至 30℃时，立即倒入缸中，加进甜酒曲，拌匀，搭窝，使之成为喇叭形，缸口加上草盖，即进入前发酵阶段。在前发酵过程中，必须勤测品温，要求发酵温度始终保持在 28～30℃。6 天后，品温接近室温，糟粕下沉，此时发酵醪酒度可达 8%～10%，可转入后发酵。

(3) 后发酵　先用清水将酒坛洗净，再用蒸汽杀菌，倒去冷凝水。用真空泵将酒醪转到酒坛中，再加入适量香醅酒，总灌坛量为酒坛容量的 2/3，然后用无菌白棉布外加一层塑料薄膜封口，使之进入后发酵阶段。后发酵时间掌握在 30 天，此过程要控制室温在 15℃左右，料温 12～15℃。

香醅酒的制备：先将新鲜米酒糟 80kg，麦曲 1.5kg 和适量酒尾混合，转入瓦缸中踏实，再喷洒少量 75%～80%的高纯度食用酒精，以防表层被杂菌污染，最后用无菌的棉布外加一层塑料薄膜封口，发酵 80 天而得香醅，再把适量的香醅转入到一定量的优质白酒中，酒度为 45°～50°，密闭浸泡 10 天，经压榨、精滤后而得香醅酒。

(4) 压榨、煎酒　采用气膜式板框压滤机压滤，再用棉饼过滤机过滤，所得生酒在 80～85℃下灭菌，然后进入陈酿期。经二次滤下的酒糟由于含有大量的蛋白质，可直接用于畜、禽的饲料或饲料的配比料使用。

(5) 调配　在陈酿 6 个月的基酒中加入蜂蜜、适量的糖以及多味中药原汁，静置存放 12h 后，再进行精滤，即得板栗糯米保健酒。

多味中药原汁的制备：按照配方先将黄芪、党参、杜仲、当归等切成厚度为 3mm 左右的薄片，然后与枸杞子、龙眼肉、黄桂混合，转入 40°优质白酒中浸 10 天，经过滤而得多味中药原汁。

(6) 成品 酒色为橙黄色，澄清透亮；滋味醇厚甘爽，酒体丰满协调，气味芬芳馥郁，由于在酒中添加了适量的黄桂和蜂蜜，使成品酒更具有独特的芳香和淡淡的蜜香。

十三、刺梨糯米酒

1. 原料配方

上等精白糯米 10kg，干酵母 500g，酒曲 50g，食用酒精 500g，干酪素 40g，刺梨原酒 2.5kg，水适量。

2. 工艺流程

糯米→浸泡→蒸米→淋水→加曲→入罐糖化→提汁(米糟加水发酵蒸馏得米酒)→调配(加入刺梨原酒、食用酒精)→下胶→杀菌→储存→过滤→刺梨糯米酒→装瓶→成品入库

3. 操作要点

(1) 浸泡 采用上等精白糯米，浸泡 8～12h（视气温而定）。

(2) 蒸米 蒸米时间在 10min 左右（可视米的质量而定）。

(3) 淋水 淋水的目的，主要是为了降温，同时也可以帮助吸收部分水。

(4) 加曲 加入酒曲和干酵母。

(5) 入罐糖化 糖化 72h 之后，可以开始提汁（酒液），每日提 1 次，共提 3 次，出汁率大约 80%，其酒液的糖分含量 28%～30%，酸度 0.5～0.6g/100mL，酒度 5%左右。

(6) 提汁 提汁后，米糟加水发酵，加水比为糟子的 1～1.5 倍，第二天打耙，以后每日打耙 1 次。

(7) 调配 加入刺梨原酒和食用酒精进行混合调配。

(8) 下胶 下胶处理，可采用干酪素 40g，溶解后加入酒中。

(9) 杀菌 下胶后 1 个月加热，80℃瞬间杀菌，过滤。

(10) 过滤 过滤得到澄清的刺梨糯米酒，装瓶，贴商标，包

装入库。

十四、红曲糯米酒

1. 原料配方

糯米 10kg，水 16～17kg，红曲 0.6～0.7kg。

2. 工艺流程

选米淘洗→上甑蒸熟→拌曲装坛→发酵压榨→澄清陈酿→成品

3. 操作要点

(1) 选米淘洗　选上等糯米，清水浸泡。水层约比米层高出 20cm。浸泡时水温与时间：冬、春季 15℃以下 14h，夏季 25℃以下 8h，以米粒浸透无白心为度，夏季更换 1～2 次水，使其不酸。

(2) 上甑蒸熟　将米捞入箩筐冲清白浆，沥干后投入甑内进行蒸饭。在蒸饭时火力要猛，至上齐大汽后 5min，揭盖向米层洒入适量清水。再蒸 10min，至饭粒膨胀发亮、松散柔软、嚼不粘齿，即已成熟，可下甑。

(3) 拌曲装坛　米饭出甑后，倒在竹席上摊开冷却，待温度降至 36～38℃不烫手心时，即可撒第一次红曲，再翻动一次，撒第二次红曲，并拌和均匀，用曲量为米量的 6%～7%。温度控制在 21～22℃，即可入坛。按每 10kg 原料加净水 16～17kg 的比例，同拌曲后的米饭装入酒坛内搅匀后加盖，静置室内让其自然糖化。

(4) 发酵压榨　装坛后，由于内部发酵，米饭及红曲会涌上水面。因此每隔 2～3 天，要用木棒搅拌，把米饭等压下水面，并把坛盖加盖麻布等，使其下沉而更好地发酵。经 20～25 天发酵，坛内会发出浓厚的酒香，酒精逐渐下沉，酒液开始澄清，说明发酵基本结束。此时可以开坛提料，装入酒箩内进行压榨，让酒糟分离。

(5) 澄清陈酿　压榨出来的酒通过沉淀后，装入口小肚大的酒坛内，用竹叶包扎坛口，再盖上泥土形成帽式的加封口。然后集中在酒房内，用谷皮堆满酒坛四周，烧火熏酒，使色泽由红逐渐变为褐红色。再经 30 天左右，即可开坛提酒。储存时间越久，酒色就由褐红色逐渐变为金黄色。每 10kg 糯米可酿造米酒 20kg。

十五、湖北孝感米酒

孝感米酒是湖北省的传统地方风味小吃，具有千年历史，选料考究，制法独特。它以孝感出产的优质糯米为原料，以孝感历史传承的蜂窝酒曲发酵酿制而成。孝感米酒白如玉液，清香袭人，甜润爽口，浓而不黏，稀而不疏，食后生津暖胃，回味深长。

1. 原料配方

糯米 10kg，酒曲 1kg，水 15kg。

2. 工艺流程

选料清洗→浸米→洗米→蒸米→淋饭→拌曲发酵→冲缸→后发酵→米汁分离→调配→包装→成品

3. 操作要点

（1）选料清洗　选择无病虫害的糯米，除去沙粒等杂质，洗净，沥干水分，备用。

（2）浸米　一般浸泡时间为 24h。

（3）蒸米　采用蒸笼蒸饭，一般 20min 即可，使米饭松散、不粘连。

（4）淋饭　蒸好的米饭，用冷水冲淋至 24～27℃即可。

（5）拌曲发酵　米饭温度控制在 27～30℃，均匀一致。在饭中拌曲。拌匀后将米饭做成喇叭状，撒一些曲粉，进行糖化发酵。

（6）冲缸　冲缸目的是稀释发酵醪醅，便于酒精发酵，在糖化发酵过程中加入冲缸液进行冲缸。

（7）后发酵　冲缸后封缸，进行后发酵。

（8）米汁分离　将醪醅中的米粒与汁液分离开，米粒漂烫后，滤汁及漂烫汁过滤后备用。

（9）调配　将米粒和汁液及其他配料进行调配。

十六、哈尼族紫米酒

滇南谷地、红河两岸的哈尼族以当地所产的优质紫米发酵酿造而成的紫米酒，是接待宾客的最佳饮品，清末民初即已远近闻名。

1. 原料配方

紫糯米10kg，酒药700g，凉开水5kg。

2. 工艺流程

原料选择与处理→浸米→蒸煮→摊晾→入缸搭窝→发酵→成品

3. 操作要点

(1) 原料选择与处理　挑选无病虫害、无腐烂霉变的紫糯米，洗净后备用。

(2) 浸米　将淘洗干净的紫糯米，用冷水泡4～5h。

(3) 蒸煮　笼屉上放干净的屉布，将米直接放在屉布上蒸熟。

(4) 摊晾　紫糯米蒸透后出甑，放在干净的竹席或筲箕上，摊开，使饭自然降温变凉。夏天须凉透，冬天则由于气温较低，饭温降到手触有温暖感为止。

(5) 入缸搭窝　待温度降到30～40℃时，将紫糯米改放到干净的盆里，拌进原料量7%左右的酒药。用勺把米稍压一下，中间挖出一洞，然后在米上面稍洒一些凉开水，盖上盖，放在20℃左右的地方。

(6) 发酵　发酵10天左右即成。

十七、陕西秦洋黑米酒

陕西秦洋黑米酒，就是选用当地特产的优质黑糯米为原料酿制而成。其酒色晶莹透亮，醇和香柔，味鲜丰润，酸甜适口，后味爽快，风味独特，营养丰富。

1. 原料配方

黑糯米10kg，大曲1kg，麸曲200g，酒母800g，水20kg。

2. 工艺流程

原料选择与处理→浸米→蒸饭→摊饭→入缸→发酵→压榨→煎酒→成品

3. 操作要点

(1) 原料选择与处理　挑选无病虫害、无腐烂霉变的优质黑糯米，过筛取出碎米，洗净后备用。

（2）浸米　在14～24℃水温中浸渍24～48h。

（3）蒸饭　蒸饭时分批上甑，待蒸汽透面时，逐渐加料，至每甑米加完，全面透汽，再闷盖10～15min，抬出摊凉。

（4）摊饭　先将竹簟上洒少许冷水，以免粘住饭粒，然后将蒸好的饭铺在竹簟上摊匀，时加翻拌散热，并根据气温决定落缸品温。当室温在8℃以下时，饭摊凉要求品温为65～80℃；当室温在9～15℃范围内时，饭摊凉要求品温为45～60℃；当室温在16～23℃范围内时，饭摊凉要求品温为25～40℃。

（5）入缸　先将酒坛用蒸汽杀菌，然后灌进清水，放入大曲、麸曲先浸渍2～3h，再将摊凉的饭灌到坛中，待3～5min后，用手伸到坛内，将曲、饭上下翻拌，捏碎团粒。落缸品温在26℃左右。

（6）发酵　一般前发酵期为7天，酒度达到12%，总酸在0.47g/100mL以下，还原糖为0.22%。

第三节　风味甜米酒

一、瓜果甜酒

本品是以热带瓜果和其他辅料优化组合，多料混酿、发酵制得的色泽、风味独特的新型热带瓜果甜酒。

1. 原料配方

糯米10kg，番木瓜、西瓜、杧果各1kg，白砂糖2.5kg，曲粉100g，果酒酵母50g，水适量。

2. 工艺流程

原料选择→浸米→淋米→蒸饭(加酸浆水)→淋饭→沥干→拌酒曲→入缸搭窝→培菌糖化→甜酒酿→混合发酵→榨酒→调制(加糖、白酒)→

（混合发酵←发酵←瓜果浆汁调制←瓜果浆汁制备）

密封陈酿→澄清→过滤→装瓶→杀菌→成品

3. 操作要点

(1) 原料选择　选择优质糯米，要求去除杂质，米粒完整；选择新鲜无病虫害的瓜果。

(2) 浸米　将糯米除杂，洗净后放入清水，使水面高出米层10cm左右，浸泡1h，达到手捻即碎为宜。

(3) 淋米　将浸米捞出，用清水淋清浊汁。

(4) 蒸饭　将浸好的米在常压中蒸，等上大汽后蒸25min。蒸出的米具有弹性，熟而不烂，外硬内软，内无白心。

(5) 淋饭　用少量凉开水淋饭，使米饭冷却到34～36℃。要求迅速而均匀，不产生团块。

(6) 拌酒曲　沥干水分，接入曲粉溶液（浓度2.5%），拌匀。

(7) 入缸搭窝、培菌糖化　拌曲均匀后，入缸并搭窝，然后在表面撒上少许曲粉，将缸密封，30～32℃发酵约7天。可得甜酒酿。

(8) 瓜果浆汁制备　杧果含糖量、酸度大于番木瓜、西瓜，含果胶物质较多，纯用杧果成本高，且酒液不易澄清。番木瓜、西瓜若单独配料，酸度低，不利于酵母发酵，且易染杂菌，导致酒味不正。后二者与杧果配料恰好可增糖、调酸，利于澄清，降低成本，提高酒质。

① 杧果浆的制备　挑选成熟度高、无病虫害的杧果，除皮去核，果肉加三倍温开水，用高速捣碎机打成浓稠状杧果浆。

② 番木瓜浆的制备　选成熟度高、色橙红、无病虫害的番木瓜果宴，削皮除籽，切碎后用高速捣碎机打成番木瓜浆。

③ 西瓜汁的制备　选成熟、光亮无腐烂的西瓜，去青皮和种子，用高速捣碎机捣成浆状，用双层纱布包裹，手摇螺旋压榨器压汁，再用双层纱布粗滤得西瓜汁。

(9) 瓜果浆汁调制　调糖至25%，调酸至0.5g/100mL，接入果酒酵母液（5%），常温（30～32℃）进行发酵。

(10) 混合发酵、榨酒、调制、密封陈酿、澄清、过滤、装瓶、杀菌　果汁发酵4天后加入甜酒酿，混合均匀继续发酵5天，压榨出新酒液，调制糖度和酒度，封缸陈酿 15 天后经澄清、过滤、装瓶、杀菌即为成品瓜果甜酒。

二、魔芋甜酒

将魔芋精粉加入具有滋补功效的优质甜酒酿中制成魔芋甜酒，兼有药食功能，且甘甜、醇厚，风味诱人，是理想的营养保健饮品。

1. 原料配方

糯米 10kg，魔芋精粉 1kg，甜酒曲 100g，水 15kg，甜味剂、酸味剂、香精各适量。

2. 工艺流程

糯米→浸泡→浇淋→蒸饭→摊冷→拌料(添加酒曲粉)→糖化发酵→调配→过滤→灭菌→灌装→密封→成品
↑
魔芋精粉处理

3. 操作要点

(1) 浇淋　糯米用 50～60℃温水浸泡 1h，然后用水冲洗干净并沥干。

(2) 蒸饭　将浇淋好的糯米倒入蒸饭甑内，扒平盖好，加热蒸饭。上汽后蒸 15～20min，揭盖，搅松，泼第 1 次水，扒平盖继续蒸。上大汽后 20min，又揭盖搅松，泼第 2 次水，扒平盖复蒸，直至熟透。蒸熟后饭粒饱满，熟透，不生不烂，无白心，含水量 62%～63%。

(3) 摊冷、拌料　蒸熟出甑的糯米饭团迅速搅散摊冷。摊冷至品温 32～35℃，加入甜酒曲粉拌匀。

(4) 糖化发酵　将拌曲后的饭料迅速倒进发酵缸内，然后封闭缸口，入发酵房糖化发酵。控制发酵温度在 37～39℃，不要超过 40℃，后期降到 29～31℃。发酵时间 3～5 天，夏短冬长。

(5) 魔芋精粉处理　称取原料量 10% 的魔芋精粉，缓慢地加入水中并搅拌，而后静置，让其溶胀 1～2h。用高压均质机进行均质，均质压力控制在20～25MPa，温度控制在80～85℃。

(6) 调配　将均质备用的魔芋精粉与发酵成熟的甜酒酿及去离子水进行混合（混合比例约为魔芋精粉：糯米：水=1：10：15），可依口味适当加入配制好的甜味剂、酸味剂、香精等，搅拌均匀。

(7) 过滤　采用清滤法，以硅藻土为材料，去除调配后的浑浊物质，达到进一步澄清甜酒的目的。

(8) 灭菌　采用超高温瞬时灭菌。

(9) 灌装、密封、成品　灭菌后冷却到80℃，灌装，密封，而后用冷水冲淋冷却，即为成品。

三、桂花甜酒酿

1. 原料配方

上白糯米10kg，甜桂花50g，酒药125g，水适量。

2. 工艺流程

淘米蒸制→沥干、拌匀→发酵→成品

3. 操作要点

(1) 淘米蒸制　将上白糯米淘净，在清水中浸泡约12h（夏季4h），然后捞入蒸桶内，置旺火沸上锅上，蒸熟成饭。

(2) 沥干、拌匀　将桶端下，用清水浇淋，当饭的温度降至微热时，沥去水。将饭倒入盆内，把饭粒拨至松散。将酒药碾成粉末，与糯米饭拌匀，然后把米饭平均装入五只钵内（钵高15cm，直径23cm）。

(3) 发酵　在钵内正中放一铝皮制的圆筒（直径10cm，高13cm），将圆筒周围的饭粒按平后，抽出圆筒，盖上木盖。将饭钵放在暖水钵上，钵的四周用棉被围紧（夏天单被覆盖即可），静置发酵（温度一般保持在34～38℃之间）24h即成。食前在每钵的酒酿中分放甜桂花。

四、红籼米甜酒

红籼米多产于我国南方各省，产量高，品质优良，营养丰富，除用作粮食外，还是食品加工原料，而且有一定的食疗和保健功能。南方部分地区地用其酿制的低度甜酒，深受消费者喜爱。

1. 原料配方

红籼米 2.5kg，糯米 2.5kg，15°米酒 10kg，多菌株甜酒曲 10g。

2. 工艺流程

红籼米→洗净浸泡→蒸饭→摊晾→接种（加种曲）→发酵→浸泡提取（加米酒）→液渣分离→静置→澄清→陈化→过滤→灭菌→成品

3. 操作要点

（1）洗净浸泡、蒸饭、摊晾　取无虫蛀霉变的红籼米和糯米各 2.5kg 进行混合，快速清洗沥干后，按干原料量的 130%加入清水 6.5kg，常压蒸熟。要求熟透无生心、焦锅等。出锅后趁热将饭抖散，晾至室温，一般 28～30℃，即可进行接种发酵。

（2）接种、发酵　采用多菌株甜酒曲，接种量按干原料量的 0.2%计，拌匀，置于 28～30℃保温发酵 76～96h。

（3）浸泡提取　采用 15°米酒，按料液比（从干原料计）为 1∶2 的比例浸泡提取。方法如下：加入米酒 10kg，划块不搅匀，以免影响过滤。28～30℃浸泡 4～5 天，酿渣上浮。中间可轻轻搅动 1～2 次。

（4）液渣分离　将上层清液采用白布自然过滤，酿渣采用压榨过滤，然后两液合并，弃渣。

（5）静置、澄清、陈化、过滤　压（榨）滤后的合并酒液，静置 5～10 天澄清、陈化后再过滤，可采用吸滤的方法。滤液呈琥珀色且透亮。再次进行澄清，采用离心或抽滤等方法过滤，即得红籼米甜酒。

（6）灭菌　在 80℃下保温灭菌 10min，如果有沉淀物质，则需要静置沉淀后再进行过滤。

五、桂圆糯米甜酒

1. 原料配方

桂圆 20kg，糯米 10kg，酒母 600g，甜酒曲 100g，水适量，白砂糖适量，苯甲酸钠适量，蒸馏果酒或食用酒精适量，蒸馏米酒适量。

2. 工艺流程

米酒酿制
↓
果料处理→果酒酿制→勾兑调配→陈酿→成品

3. 操作要点

(1) 果料处理　将桂圆用高压自来水清洗，除去附在果皮上的尘埃及部分微生物孢子，然后将洗净的果剥皮去核后，将果肉放到不锈钢锅里（或铝锅，但不得用铁锅），添加原料量 8%～10%的水，蒸煮 30min，同时不断搅拌。

(2) 果酒酿制　蒸煮后的果肉先用干净的滤布过滤，最后果肉送压榨机压榨取汁。经压榨后的果渣添加少量的水再经蒸煮，过滤后压榨。将两次得到的压榨汁与过滤液合并在一起。由于压榨和过滤得到的果汁含糖分不高，不易发酵，因此需要在果汁中添加白砂糖以调整果汁含糖量为 20%～22%为宜。按照每 100kg 果汁加入 4～5g 的比例添加苯甲酸钠，以抑制杂菌生长。将添加防腐剂的果汁冷却沉淀后，泵入经消毒清洁的发酵桶内，装量为桶容积的4/5，再添加酒母搅拌均匀，进行发酵。发酵温度控制在 22～28℃，主发酵期为 8～12 天。发酵到酒液残糖在 0.5%以下，表明主发酵结束。用虹吸法将果酒移至另一干净桶（酒脚与发酵果渣一起另蒸馏生产蒸馏果酒）。主发酵后的桂圆果酒酒精度一般为 8%～9%，应添加蒸馏果酒或食用酒精，将酒精度提高至 14%～15%。将酒桶密封后移入酒窖，保持 12～28℃，连续一个月左右，进行后发酵。后发酵结束后，要再添加食用酒精使酒度提高到 16%～18%，同时还要添加适量的苯甲酸钠作防腐剂，再经换桶后，进行 1～2 年的陈酿。陈酿期中还要在当年冬季，第二年的春、夏、秋、冬季换几次桶。换桶前不可振动酒桶或搅拌酒液，老熟后的桂圆果酒在与糯米甜酒勾兑前，要加糖调配，使桂圆果酒含糖量达15%，备用。

(3) 米酒酿制　选择质量较好、无霉变、杂质少的糯米作原料，用清水浸泡24h。浸泡时间夏季适当缩短，冬季可适当延长。糯米浸泡后，放到蒸饭锅内上汽蒸20min左右。如检查糯米饭太硬，可洒温水少许，以增加饭的含水量，再蒸10min，至糯米饭粒熟透。饭熟的标准是熟、透、软、匀，且不硬不糊。将蒸好的饭用无菌冷水淋洗，使饭粒温度在30～35℃。加入原料量1%的甜酒曲药粉拌匀，装入小瓦缸中，每缸装原料约10kg。用专门制作的圆锥形棒在拌曲饭中间留一个大“U”形孔洞，以利糯米饭与足够的空气接触，促进糖化发酵。然后盖上缸盖移入发酵房发酵。将品温控制在30～35℃，发酵期为4个星期。待其发酵完全后，按其物料重量加入25%左右的无菌水搅拌均匀，然后过滤压榨取汁。过滤压榨后的糯米甜酒酒度一般为8%～10%，应加蒸馏米酒使酒度提高到16%～18%，并加入适量的苯甲酸钠进行防腐，移入储酒桶进行1～2年陈酿。经过2年陈酿后，加糖调配，使糯米甜酒含糖量达15%，备用。

(4) 勾兑调配、陈酿　将两种陈酿好的酒按桂圆果酒40%，糯米甜酒60%的重量比例勾兑在一起，同时加入蒸馏米酒调酒度为20%，调糖为16%。再移到储酒桶老熟陈酿半年。经半年后，用12层棉饼过滤机过滤后，桂圆糯米甜酒应清亮透明，带有桂圆、糯米特有的香气和发酵酒香，色泽为浅金黄色。此时可将酒灌入洗净消毒好的酒瓶中，压盖封盖，装箱，入库。

六、芦荟糯米甜酒

1. 原料配方

芦荟1kg，糯米10kg，酒曲50g，蔗糖300g，柠檬酸10g，水适量，食用酒精适量。

2. 工艺流程

原料选择与处理→浸米→蒸饭→淋冷→拌曲→入缸→发酵→过滤→杀菌→调配→包装→杀菌→成品

↑

芦荟榨汁

3. 操作要点

(1) 原料选择与处理　选择优质糯米，要求去除杂质，米粒完整；选取两年以上生、无病毒叶片的芦荟，清洗干净。

(2) 浸米　将糯米除杂，洗净后放入清水，使水面高于米层10cm左右，浸泡1h，达到手捻即碎为宜。

(3) 蒸饭　将浸好的米用水冲去白浆，在常压中蒸，等上大汽后蒸25min。蒸出的米具有弹性，熟而不烂，外硬内软，内无生心。

(4) 淋冷　将蒸好的米放在纱布上，用清水淋冷，夏季在26～30℃，冬季则高些，但不高于35℃，以利于酵母的迅速生长。

(5) 拌曲　以糯米计，拌以0.5%的酒曲。

(6) 入缸、发酵　拌曲均匀后，入缸并搭窝，然后在表面撒上少许曲粉，将缸密封，30℃左右发酵约72h。

(7) 过滤、杀菌　将发酵好的醪液过滤，得到澄清液，弃去残液。然后进行杀菌，85℃水浴杀菌10min。杀菌后立即冷却。

(8) 芦荟榨汁　将洗净的芦荟去除表皮，打碎，榨汁过滤，得到澄清的芦荟汁。60～65℃杀菌30min，以延长芦荟汁的保质期，同时可以除去青涩味。

(9) 调配　用蔗糖调其糖度，柠檬酸调其酸度，食用酒精调其酒精度，芦荟汁与米酒汁调风味。

(10) 包装、杀菌

① 可将装入瓶中的米酒置于75℃的热水中，杀菌15min。

② 也可在酒液进入瓶前用瞬时杀菌器杀菌。

③ 还可用紫外线灯管在过滤的同时杀菌装瓶。

七、刺梨糯米甜酒

本品是采用刺梨和糯米精心酿制的一种营养丰富的低度刺梨

甜酒。

1. 原料配方

刺梨 10kg，糯米 10kg，酒母 500g，甜酒曲 100g，糖 3kg，苯甲酸钠 4g，蒸馏米酒适量，蒸馏果酒或食用酒精适量。

2. 工艺流程

糯米酒制备
↓
刺梨果→选果→清洗→修整→沥干→刺梨果酒制备→勾兑调配→陈酿→成品

3. 操作要点

(1) 刺梨果的选果、清洗、修整、沥干　将腐烂变质的、未成熟的、变干的果去掉，最好选用八九成熟的刺梨果。将选过的刺梨果用高压自来水清洗，以除去果上的尘埃、泥沙和污物等。清洗后的刺梨用小刀削去不合格部分，如碰伤的地方等，再用高压自来水冲洗一遍。装于箩筐中，让其自然沥干。

(2) 刺梨果酒制备　洗净沥干后，送入锤式破碎机进行破碎(也可手工进行破碎)，破碎成疏松状态时出汁较佳。刺梨果破碎后输入压榨机压榨，压榨时，装料要适中，当果汁开始流出时暂停加压，待流速稍缓后再加压，如此反复多次，直到无果汁流出为止。果汁中加入适量的苯甲酸钠，以抑制杂菌生长。添加防腐剂的果汁沉淀后，泵到经消毒清洁的发酵桶内，装量为桶容积的 4/5。再添加酒母，搅拌均匀进行发酵，发酵温度控制在 20～25℃之间，主发酵期为 6～7 天。发酵到酒液残糖在 0.5%以下，表明主发酵结束。用虹吸法将果酒移至另一干净桶 (酒脚与发酵果渣一起蒸馏生产蒸馏果酒)，主发酵后应添加蒸馏果酒或食用酒精，将酒精度提高至 14%～15%。将酒桶密封后移入酒窖，保持 12～25℃，连续一个月左右，进行后发酵。后发酵结束后，要添加食用酒精使酒度提高到 16%～18%，再经换桶后进行 1～2 年的陈酿。陈酿期中还要在当年冬季，第二年的春、夏、秋、冬季换几次桶，换桶前不可振动酒桶或搅拌酒液。老熟后的刺梨果酒在与糯米甜酒勾兑前，要加糖调配，使刺梨果酒含糖量达15%，备用。

(3) 糯米酒的制备　选择质量较好、无霉变、杂质少的糯米作原料，用清水浸泡24h。浸泡时间夏季适当缩短，冬季可适当延长。糯米浸泡后，放到蒸饭锅内，上汽蒸20min左右。如糯米饭太硬，可洒温水少许，以增加饭的含水量，再蒸10min，至糯米饭粒熟透。饭熟的标准是热透，软匀，不硬不糊。将蒸好的饭用过滤无菌冷水淋饭，使饭粒温度在30～35℃。加入甜酒曲，拌匀，装到大瓦缸中，每缸装原料约10kg。用专门制作的圆锥形棒在拌曲饭中间留一个大"U"形孔洞，以利于拌曲的糯米饭与空气充分接触，促进糖化发酵的进行。然后盖上缸盖移到发酵房发酵，将品控制在30～35℃，发酵期为4个星期。使其完全发酵后，按其物料重量加到25%左右的过滤无菌水，搅拌均匀后过滤压榨取汁。过滤压榨后的糯米甜酒应添加蒸馏米酒使酒度提高到16%～18%，并加入适量的苯甲酸钠进行防腐，移到储酒桶进行1～2年陈酿。经过2年陈酿后，加糖调配，使糯米甜酒含糖量达15%，备用。

(4) 勾兑调配、陈酿、成品　将两种经陈酿好的酒按刺梨果酒50%，糯米甜酒50%的重量比例勾兑在一起，同时加入蒸馏米酒调酒度为20%，调糖为16%，再移到储酒桶老熟陈酿半年。经半年陈酿后，用10层棉饼过滤机过滤后，刺梨糯米甜酒应清亮透明。

第六章
黄酒、米酒质量控制及品评

第一节　黄酒质量控制及品评

一、黄酒酸败

黄酒发酵是敞口式、多菌种发酵，发酵醪液中必定会混进某些有害微生物，如乳酸杆菌、醋酸杆菌及野生酵母菌等，它们对黄酒发酵的侵袭危害较大，必须足够重视。黄酒发酵醪的酸败主要是有害微生物的代谢活动引起的，有害微生物大量消耗醪液中的有用物质（主要是可发酵性糖类），代谢产生挥发性的或非挥发性的有机酸，使酒醪的酸度上升速度加快。同时，它又抑制了酵母的正常酒精发酵，使醪液内的酒精含量上升缓慢，甚至几乎停顿。

黄酒发酵醪的酸败，不但降低了出酒率，而且损害了成品酒的风味，使酒质变差，甚至无法饮用，还常常给生产加工造成困难，有时污染严重，破坏整个正常的生产程序，只能停产治理。所以，预防和处理黄酒发酵醪酸败显得极其重要，应该以防为主，采取措施，避免酸败现象的发生。

1. 发酵醪酸败的表现

黄酒发酵醪酸败时，一般会发现以下一些现象。

① 在主发酵阶段，酒醪品温很难上升或停止。

② 酸度上升速度加快，而酒精含量增加减慢，酒醪的酒精含量达 14%时，酒精发酵几乎停止。

③ 糖度下降减慢或停止。

④ 酒醅发黏或醪液表面的泡沫发亮，出现酸味甚至酸臭。

⑤ 镜检酵母细胞浓度降低而杆菌数增加。酒醪酸败时，醋酸和乳酸的酸含量上升较快，醪液总酸超过 0.45g/100mL，称为轻度超酸，这时口尝酸度偏高，但酒精含量可能还正常；如果醪液酸度超过 0.7g/100mL，酒液口味变坏，酸的刺激明显，称为中度超酸；如果酒醪酸度超过 1g/100mL 时，酸臭味严重，发酵停止，称为严重超酸。

2. 发酵醪酸败原因

黄酒醪酸败的原因是多方面的，主要原因有以下几种。

(1) 原料种类　籼米、玉米等富含脂肪、蛋白质的原料，在发酵时由于脂肪、蛋白质的代谢会升温升酸，尤其侵入杂菌后，升酸现象更会明显，加上这类原料由于直链淀粉较多，常易使 α 化的淀粉发生 β 化，导致不易糖化发酵，结果给细菌利用产酸。所以，用籼米、玉米原料酿酒，超酸和酸败的可能性较大。

(2) 浸渍度和蒸煮冷却　大米浸渍吸足水分，蒸煮糊化透彻，糖化发酵都容易，反之，就容易发生酸败，尤其在大罐发酵时，更为明显。浸渍 72h 的原料，发酵时发生自动翻腾，醪液的品温大约在 33～34℃，可以避免高温引起的酸败；但在同样条件下，浸米 24～48h 的米饭，开始自动翻腾时的醪液品温在 36℃以上，从米饭落罐到自动开耙的时间间隔，后者要比前者长，致使醪液处于高温下过久，酸败的可能性就大。对含直链粉淀比例高的原料，要蒸透、淋冷，防止淀粉 β 化，导致不易糖化，让细菌利用产酸。米饭蒸煮不透，杂菌利用生淀粉代谢，一般前发酵尚正常，旺盛，约 10 天后，酵母逐步衰老，发酵缓慢，促使某些细菌迅速繁殖，酸度上升，甚至出现酸败现象。

(3) 糖化曲质量和使用量　黄酒生产所用的曲都是在带菌条件

下制备的。曲块中本身含有杂菌，尤其是使用纯种通风麦曲时，空气中带入的杂菌更多，又不像自然培养的踏曲，经过一段高温大火期，使杂菌淘汰死亡。所以，黄酒新工艺发酵时，麦曲的杂菌常会变成酒醪酸败的重要来源。使用糖化剂过量，酒醅的液化、糖化速度过快，使糖化发酵失去平衡或酵母渗透压升高，促使酵母过早衰老变异，抑制杂菌能力减退，酸度出现上升的机会就增多。

(4) 酒母质量　酒母的质量一方面与它本身酵母的特性有关，产酸力强，抗杂菌力差的酒母易发生升酸超酸现象；另一方面酒母液中的杂菌数和芽生率也有影响，一旦酒母杂菌超标，就容易使酒醪酸败；芽生率低说明酵母衰老，繁殖发酵能力差，耗糖产酒慢，容易给产酸菌等利用，造成升酸，当酸度超过 0.4～0.45g/100mL 时，酒精含量上升很慢或停止，而酸度可急剧升高。

(5) 前发酵温度控制太高　由于落罐温度太高或开耙时间拖延太久，使醪液品温长时间处于高温下（大于 35℃），酵母菌受热早衰，而醪液中糖化作用加剧，糖分积累过多，生酸菌一旦利用此环境，很易酸败，使酒醅呈甜酸味，酵母体形变小，死酵母增多而杂菌和异形酵母增加。

(6) 后发酵时缺氧散热困难　在大罐发酵中，由于厌氧条件好而使黄酒出酒率提高，但另一方面，在大罐后发酵时，由于厌氧而造成酵母存活率降低 50%以上。传统的酒坛后发酵由于透气性好，发酵几十天后活酵母数仍有 $(4\sim6)\times10^{8}$ 个/mL，而大罐后发酵由于缺氧，酵母数太少而厌氧细菌可大量生长，使它们之间失去平衡和制约，而发生酸败。要求发酵后期醪液酵母密度应大于 1.0×10^{7} 个/mL。另外，大罐后发酵醪液的流动性差，中心热量难以传出，会出现局部高温，这也是大罐后发酵易酸败的原因之一。

(7) 卫生差、消毒灭菌不好　黄酒生产较开放，环境卫生差，往往会造成杂菌的侵袭，出现污染和感染。尤其是发酵设备，管道阀门出现死角，造成灭菌不透，醪液黏结停留，成为杂菌污染源，导致发酵醪的酸败，这种情况较为普遍。

二、醪液酸败的预防和处理

醪液酸败原因是多方面的，但一般根据实践经验推测，在前发酵、主发酵时发生酸败原因多为曲和酒母造成的，在后发酵过程发生酸败，大多是由于蒸煮糊化不透，酵母严重缺氧死亡或醪液的局部高温所致，当然环境卫生，消毒灭菌应该随时注意。要解决酒醪的酸败，必须从多方面加以预防，一般可采取以下措施。

(1) 保持环境卫生、严格消毒灭菌　黄酒生产虽是敞口式发酵，但由于在工艺操作上采取了措施，自然淘汰、抑制了有害微生物，使发酵时免遭杂菌污染的影响。尤其是采用新工艺发酵生产，更要注意做好清洁卫生、消毒灭菌工作，在前发酵过程中，由于酵母处于迟缓期，酵母浓度较低，而糖化作用已开始进行，造成糖分积累，一旦污染杂菌，易于利用糖分转化为酸类，并进而抑制酵母的生长繁殖，发生酸败，同样在后发酵期，因酵母活性减弱，抵抗杂菌能力下降，如果不注意容器或管道的清洗灭菌工作，也会发生酸败现象。一般要求每天打扫环境，容器、管道每批使用前要清洗并灭菌，以尽量消除杂菌的侵袭。

(2) 控制曲、酒母质量　糖化发酵剂常带有杂菌。尤其是纯种麦曲，在培养时常会污染其他有害微生物，所以，一方面要严格工艺操作，另外要对制曲的曲箱、风道等加强清洗和消毒，严格控制曲的质量，不合格的曲不用来发酵。酒母中的杂菌比曲的杂菌危害更大，多数是乳酸杆菌，它的生存条件相似于酵母而繁殖速度又远比酵母快，因而对酒母醪中的杂菌数控制更要严格，使酒醪不受产酸菌影响。

(3) 重视浸米、蒸饭质量　浸米时要保证米粒吸足水分，蒸饭时才能充分使淀粉糊化。如果生熟淀粉同时发酵，往往会使酵母难于发酵利用的生淀粉被细菌加以利用并产酸，所以，浸米吸水不足(尤其在寒冬季节) 常会发生酸败。由于籼米原料的结构紧密，不易在常温下被水浸透，在浸渍阶段，其自然吸水率比糯米低 1/3，浸渍损耗大，所以，籼米蒸煮时要多补充热水，促使淀粉糊化，避免发酵时生酸。

（4）控制发酵温度，协调好糖化发酵的速度　黄酒发酵是边糖化边发酵，糖化速度和发酵速度之间建立好平衡关系后，发酵才能正常进行，这主要依靠落缸（罐）工艺条件和及时开耙加以调整。如果糖化快，发酵慢，糖分过于积累，常易引起酸败；反之，糖化慢，发酵快，易使酵母过早衰老，发酵后期也易生酸。常采用控制发酵温度来协调两者的酶活力。尽量在30℃左右主发酵，避免出现36℃以上的高温，在后发酵时，必须控制品温在15℃以下，以保证发酵正常进行。

（5）控制酵母浓度　黄酒醪发酵必须有足够的酵母细胞数。如遇到酵母生长繁殖过慢或发酵不力，可添加淋饭酒醅或旺盛发酵的主发酵醪，以促进发酵，也可增加酒母用量，以弥补发酵力和酵母数的不足，保证酵母菌在发酵醪中占有绝对优势，抑制杂菌的滋生。为了增强酵母的活力，可以适量提供无菌空气，加速酵母在发酵前期的增殖和后期的存活率，传统发酵是在缸、坛中进行的，容器的透气性良好，散热也较容易。而大罐发酵缺乏这些条件。在前酵落罐后16h或品温已达36℃，醪液还不见自动翻腾，必须通入无菌空气，帮助醪液翻腾，以给酵母增添溶解氧，促使它发酵。使用大罐后的发酵，如果发酵醪中保持一定浓度的溶解氧，每小时能提供每克酵母0.1mg溶解氧，则酵母在几周后仍能保持活力。在后发酵期间，应该设法使醪液中的酵母浓度大于1.0×10^{7}个/mL，才能保证后发酵的顺利进行。当然也应该考虑使主发酵期适当延长一些，避免在后发酵期品温上升过高，鉴于后发酵过程中热量的散发和酵母的存活率等问题，在前发酵翻动停止后，每8h还须进行一次通气开耙，使醪液短时间翻动一下，排除二氧化碳并散热，进一步使酒醪稀薄，补充进入后发酵时醪液所需的溶解氧。在后发酵初期，每隔1天通无菌空气一次，使品温逐日下降，以后可每隔一周通气翻动一次，解除酵母严重缺氧和酒醪局部过热的现象，可有效地预防醪液的升酸。

（6）添加焦亚硫酸钾　每吨酒醪可加入100g焦亚硫酸钾，对乳酸杆菌有一定的抑制效果，而不影响酒的质量。

(7) 酸败酒醪的处理　在主发酵过程中，如发现升酸现象，可以及时将主发酵醪液分装较小的容器，降温发酵，防止升酸加快，并尽早压滤灭菌。成熟发酵醪如有轻度超酸，可以与酸度偏低的醪液相混，以便降低酸度，然后及时压滤；中度超酸者，可在压滤澄清后，添加 Na_2CO_3、K_2CO_3、$CaCO_3$ 或 $Ca(OH)_2$ 溶液，中和酸度，并尽快煎酒灭菌；对于重度超酸者，可加清水冲稀醪液，采用蒸馏方法回收酒精成分。

对于酒醪酸败的问题，应强调以防为主，严格工艺操作，做好菌种纯化工作，保持环境卫生，防止异常发酵，清除酸败现象。

三、黄酒的褐变和防止

黄酒的色泽随储存时间延长而加深，尤其是半甜型、甜型黄酒由于所含糖类物质丰富，往往形成的类黑精物质增多，储存期过长，易导致酒色很深，并带有焦糖臭味，质量变差。这是黄酒的一种病害。可以采取以下措施，防止或减慢黄酒的褐变现象。

① 减少麦曲用量或不使用麦曲，以降低酒内氨基类物质的含量。减低羰基-氨基反应的速度和类黑精成分的形成。

② 甜型、半甜型黄酒的生产分成两个阶段，先生产干型黄酒并进行储存，然后在出厂前加入糖分，调至标准糖度和酒精含量。消除形成较多类黑精的可能性。

③ 适当增加酒的酸度，减少铁、锰、铜等元素的含量。

④ 缩短储存时间，降低储酒温度。

四、黄酒的浑浊及防止

黄酒是一种胶体溶液，它受到光照、振荡、冷热的作用及生物性侵袭，会出现不稳定现象而变得浑浊。

1. 生物性浑浊

黄酒营养丰富，酒精含量低，如果污染了微生物或煎酒灭菌不彻底，有可能出现再发酵，导致升酸腐败，浑浊变质。这属于生物性不稳定现象，应该加强黄酒的灭菌，注意储酒容器的清洗、消毒和密封，勿使微生物有复活、侵入的机会，同时应在避光、通风干燥、卫生的环境下储存。

2. 非生物性浑浊

黄酒的胶体稳定性主要取决于蛋白质的存在状态。通过发酵、压滤、澄清和煎酒，大分子的蛋白质绝大多数被除去，存在于酒液中的主要是中分子和低分子的含氮化合物。当温度降低或 pH 值发生变化时，蛋白质胶体稳定性被破坏，形成雾状浑浊，并产生失光现象，影响酒的外观。当温度升高时，浑浊消失，恢复透明。除了蛋白质浑浊外，若添加的糖色不纯，也会在黄酒灭菌后出现黑色块状的沉淀。另外，因黄酒酸度偏高而加石灰水中和，一旦环境条件变化，也会出现浑浊和失光现象。

黄酒灭菌储存后产生少量的沉淀是不可避免的。为了消除沉淀，可以在压滤澄清时，添加少量的蛋白酶（菠萝蛋白酶、木瓜蛋白酶或酸性蛋白酶），把酒液中残存的中、高分子蛋白蛋加以分解，变成水溶性的低分子含氮化合物。或者添加单宁（鞣酸），使之与蛋白质结合而凝固析出，经过滤除去。当然在煎酒时提高温度（≥93℃），也能使蛋白质及其他胶体物质尽量变性凝固，在储存过程中使之彻底沉淀，但这些方法都是有利有弊的，将来逐步可应用超滤的方法、固相蛋白酶的方法加以处理。

第二节　黄酒的品评

酒的品评又称为感官品评，既是一门科学，也是一门艺术。按照品评目的不同，分为两个层次，一是作为质量鉴评用的专业评酒，目的性较为明确；二是普通消费者的日常饮用，属于个人行为。世界上任何一种酒都少不了感官品评，感官鉴别在目前还是一种非常重要而有用的方法，没有任何一种仪器能彻底替代。虽然酒的品尝较难掌握，但只要具备正常的味觉和良好的兴趣，并善于总结和练习，就可能成为一名好的品酒师。

作为一种纯粮酿制的发酵酒，黄酒和啤酒、葡萄酒一样，除了有着一般饮料酒的共性之外，还有其独特的个性，如酒中固形物含量高（30g/L 以上）、成分复杂、营养特别丰富，而其独特的复合香以及集甜、酸、苦、辣、鲜、涩六味于一体的综合味觉体验更使它具有独特的魅力。

为正确鉴别黄酒的质量高低，在依靠现代分析手段对主要理化指标和卫生指标进行检测的同时，作为普通消费者，对黄酒的酿造工艺和专业的品评知识作一些了解也是必要的。

好酒不但要用舌头仔细辨味，更需借助鼻子仔细嗅闻，而且有很大一部分感觉在嗅闻阶段已基本明确，如对酒陈酿年份的把握，香气是否幽雅、协调、芬芳、柔和等，通过嗅香基本能够加以确定。对于正宗的黄酒来说，香是味的表征和反映。

正因为如此，我们在品酒时要特别注意保护嗅觉器官，以免产生嗅觉疲劳。

嗅香时用手握住酒杯，慢慢地将酒杯置于鼻子下方，轻轻转动酒杯，仔细嗅闻散发的香气，要先呼气、再吸气，不能对着杯口呼气。嗅香一般嗅三次即可，并及时做好记录，两次嗅香中间稍作停顿。嗅香时要遵循从淡到浓，再从浓到淡的顺序反复嗅闻，并在闻香过程中解决品尝的大半问题，如确定所品尝的酒是以发酵酒的醇香为主还是储存酯香为主，抑或曲香为主，还要正确判定酒中主要香味成分及类别，香气的浓淡程度，放香强弱，并确定该酒的陈酿年份，质量等级，有经验的评酒师通过闻香即能基本确定酒质的好坏。

此外，在两次尝酒中间，要用纯净水漱口，否则口腔易失去敏感性。将口腔冲洗后，味觉的敏感度也会发生变化，与前一次的印象比较可能有困难，因此要注意休息，保持味觉敏感性。品酒期间还要注意个人饮食，更不能化妆。职业品酒中，对品尝者的饮食要有一定限制，不能食用辛辣食物，不准吸烟，不能喝酒等，更不能在品尝的同时食用其他一些食品。

一、感官品评

感官品评的方法如下所述。

(1) 评酒规则

① 酒类分类型、类别评比。

② 酒样密码编号。

③ 百分制评分。

④ 一杯品评法、二杯品评法、三杯品评法、顺位品评法、五杯分项打分法。

⑤ 淘汰制评选。

⑥ 正式评酒前先对标样进行试评，以求打分接近、评语接近。

⑦ 评酒室要求安静、清洁。

⑧ 评酒台照明良好、无直射光、台面上衬白布。

⑨ 评酒杯普遍采用高脚玻璃杯。

⑩ 包装装潢不作评比内容。

⑪ 对于黄酒，要同温、同量、同杯型。不统一调酒度，品评后可在相同条件下加温再评。

(2) 评酒员注意事项

① 各自独立品评，不得互议、讨论、互看评比内容。

② 评酒中不得吸烟，不得带入芳香的食品、化妆品、衣着、用具。

③ 评酒中不得大声喧哗、大声漱口，轻拿轻放杯子。

④ 评酒中除工作人员简介外，不得询问任何评酒详情。

⑤ 评酒期间不得食用刺激性强及影响评酒效果的食品。

⑥ 评酒期间不得进入样酒工作室及询问评比结果。

⑦ 评酒期间应休息好，个人不得外出，一般不接待来访人员。

⑧ 评酒期间只能评酒，不能饮酒。

(3) 评酒室和评酒工具　酒类品评对评酒环境和容器技术条件也有严格要求。

① 评酒室

隔音：防止噪声。

恒温：一般要求为15～22℃，相对湿度50%～60%。

换气：换气但应无风。

照明：500lx照度为好。

② 评酒杯　黄酒品评一般采用郁金香形、无色透明玻璃杯，厚薄、加工、质量一致，要精心选择。满口容量为60mL左右。

(4) 评酒组织工作

① 顺序

色泽：先浅后深。

香气：先淡后浓。

酒度：先低后高。

糖分：先干后甜。

② 酒样温度　黄酒酒样的品评温度一般在20～25℃（黄酒最好喝的温度是在38℃左右，但如此高的温度组织集体评酒，较难保持，也不切合实际），同一次评酒温度应一致。

③ 评酒时间　评酒最佳时间为上午9～11时，下午3～5时。

二、黄酒质量鉴别

作为消费者，有没有比较简便的办法快速识别绍兴酒的质量呢？可采取以下方法。

(1) 对光观色　举瓶对光，仔细观察，优质黄酒应色泽橙黄，清澈透明，若发现酒质浑浊不清、内含杂质则属于劣质产品。

(2) 启瓶闻香　开启酒瓶，将酒缓缓倒入酒杯之中，深嗅闻香，普通黄酒具有黄酒特有的香气，醇香浓郁，陈年黄酒的香气幽雅芬芳，劣质黄酒则不会有这种香味。如闻到酒精味、醋酸气或其他异杂气味，则肯定是伪劣产品。

(3) 测试手感　将少量酒倒于手心，用力搓动双手，优质黄酒酒中固形物含量较高，手感滑腻，阴干后极为黏手，用水冲洗后手留余香。如果手感如水，则质量较差。

(4) 品尝风味　优质正宗的黄酒口感醇厚、柔和、甘润、爽口、鲜美，具有黄酒的独特风格，无其他异杂味；如果口感淡薄，酒精味较强，刺激味重，不清爽，或有香精味、水味、严重的苦涩味等其他杂味，则很可能是伪劣产品。

（5）对比价格　正宗的黄酒主要以糯米为原料酿造而成，生产周期长，加上必须有一年以上的储存时间，因此价格相对较高，若价格很低，则需要仔细鉴别。

第三节　米酒质量控制及品评

一、米酒酸败和防止

① 拌酒曲一定要在糯米凉透以后。否则，热糯米就把霉菌杀死了。结果要么是酸的、臭的，要么就没动静。

② 一定要密闭好。否则又酸又涩。

③ 温度低也不成。30～32℃最好。

④ 做酒酿的关键是干净，一切东西都不能沾生水和油，否则就会发霉长毛。要先把蒸米饭的容器、铲米饭的铲子和发酵米酒的容器都洗净擦干，还要把手洗净擦干。

⑤ 如果发酵过度，酒味过于浓烈。

⑥ 如果发酵不足，糯米有生米粒，硌牙，甜味不足，酒味也不足。

⑦ 拌酒曲的时候，如果水洒得太多了，最后糯米是空的，也不成块，一煮就散。

二、米酒发酵安全问题

1. 非发酵因素所造成的质量安全问题

因质量控制手段欠缺，导致总酸、β-苯乙醇、菌落总数、非糖固形物、总糖、酒精度、氨基酸态氮等理化指标不合格。

2. 米酒发酵过程中自然产生的安全问题

（1）发酵过程中产生的氨基甲酸乙酯　氨基甲酸乙酯被世界卫

生组织列为危害成分，由于其在饮料酒中普遍都有存留，所以是一种潜在的安全性危害因子。研究表明，酿造酒中氨基甲酸乙酯的形成主要来自乙醇和尿素的作用，而乙醇和尿素都是发酵过程的产物，难以完全消除，只有通过一定的手段降低尿素的产出量来降低氨基甲酸乙酯的生成量，从而实现对氨基甲酸乙酯含量的控制。

（2）发酵过程中产生的过量高级醇　米酒中的高级醇是米酒酿造中不可避免的副产物，是发酵过程中产生的丙醇以上的一元醇混合物的通称，是一类高沸点物质，以异戊醇和异丁醇为主。高级醇是米酒中重要风味成分之一，适量的高级醇可赋予酒体特殊香味，使米酒香气更完美。但高级醇含量过高时，对人体也会产生毒害作用，高级醇随着分子量增大而毒性增加，因此必须控制米酒中高级醇含量。

（3）发酵过程中产生的微量甲醛　甲醛是一种无色、有毒的气体，易溶于水。对人体而言，摄入少量甲醛，对身体不会造成急性的影响，摄入过量则可能导致全身性酸中毒，并出现胃肠出血。天然食品中微量甲醛普遍存在，它是细胞代谢的正常产物，发酵酒在自然发酵过程中也会产生微量甲醛。

3. 原料中农药残留造成的质量安全问题

农药残留是目前大众普遍关注的食品安全问题，也是酒类产品的主要污染物之一，在种植稻米和小麦的过程中，为保证庄稼的正常生长，不可避免存在着施药现象，这可能会使粮食中存在农药残留；同时，农药可能随着雨水进入河道，污染河水。如果使用这些粮食和水酿酒，就会在酒体中存在农药。

三、米酒浑浊沉淀及控制

米酒营养丰富，成分非常复杂，与其他酒类相比，米酒除了含有各种酒类共有的多种醇、酸、酯外，还含有其他酒类没有或含量较低的糖类、多酚、多肽、蛋白质和色素等成分。随着时间和外界环境的变化，米酒中丰富的营养物质可能会相互作用，发生不同程度的物理化学反应，酒体出现浑浊，产生沉淀，给米酒品质带来严重影响。米酒的浑浊沉淀包括由生物性因素与非生物性因素引起。

1. 生物性浑浊及控制技术

米酒酿造过程中，生产原料、生产设备以及储存设备的卫生管理不严格，导致大量杂菌侵染，如果煎酒灭菌不彻底，导致杂菌过度生长繁殖，大量的微生物以及死亡的菌体引起米酒的生物性浑浊，主要特征为酒体浑浊，酸度增加，酒液出现白色菌膜，伴随着产生异味，甚至发臭的品质劣变，生物性浑浊不易通过过滤而除去。针对米酒中生物性浑浊形成机制，应该采取相应的技术措施。首先，保证生产原料卫生条件合格，谷物无霉烂变质，生产用水各项指标达标；其次，生产过程中，必须保持生产设备、储存容器以及生产车间的清洁卫生，定期进行灭菌消毒；发酵完成后，严格控制煎酒工艺条件，保证灭菌彻底；提高曲的糖化力和酒母的质量，尽量避免醪中有过多的糖分积累，也可以抑制杂菌，减少生物性浑浊的发生。

2. 非生物浑浊沉淀及控制技术

从物理化学状态来看，米酒是一种相对稳定的胶体体系，在外界光照、温度、溶氧等环境因素的影响下，各种成分如蛋白质、多酚、糊精、单宁、铁离子等，极易发生一系列物理化学变化，导致酒体产生浑浊沉淀，称为非生物浑浊沉淀，比较常见的有蛋白质沉淀、铁沉淀和氧化沉淀 3 种。

（1）蛋白质沉淀　米酒中蛋白质含量丰富，当环境条件发生变化时蛋白质容易凝固析出，形成蛋白质浑浊，蛋白质浑浊主要表现为酒体失光、雾浊，难以自然澄清，经过加热杀菌、冷却较长时间后会产生灰白色细微沉淀。从形成机制来讲，蛋白质浑浊分为热浑浊和冷浑浊。高温加热煎酒过程中，蛋白质分子量大，热变性而引起聚合，出现热浑浊沉淀；冷浑浊是指低温时米酒中的蛋白质与多酚结合形成浑浊沉淀，当温度升高时，蛋白与水以氢键结合，表现出水溶性，浑浊消失。

（2）铁沉淀　通常情况下，铁以 Fe^{2+} 或 Fe^{3+} 的形式溶于米酒中，接触氧气后，Fe^{2+} 往往被氧化成 Fe^{3+}，酒中的蛋白质、有机酸或者磷酸根特别易与 Fe^{3+} 发生反应生成难溶的铁盐，导致发生沉淀。主要表现为加热后产生褐色浑浊沉淀，即使冷却后褐色沉淀也不会恢复原来的溶解状态，大量的铁沉淀往往会沉积在包装容器底部。

(3) 氧化沉淀　存储过程中，米酒瓶颈中往往有过量的氧存在，在光照和温度影响下，分子量较大的蛋白质特别易与多酚等化合物发生氧化缩合反应而产生沉淀，此外，酒液中含巯基的蛋白质极易被氧化，聚合成大分子蛋白质而引起氧化浑浊。在形成氧化浑浊的过程中，铁离子起到了催化作用。

(4) 减少米酒非生物浑浊沉淀的方法　米酒中引起非生物浑浊的原因非常复杂，大多数情况与大分子物质有关，因此，要解决米酒的非生物浑浊问题，必须采取一定的技术措施降低米酒中的大分子物质，目前，通常采用过滤技术结合澄清剂和酶制剂的方法。

四、包装材料迁移带来的质量安全问题

传统的米酒包装材料是陶瓷或玻璃，近年来，塑料制品开始应用于米酒包装。塑料制品中塑化剂的迁移可能会带来新的食品安全问题，常见的塑化剂邻苯二甲酸酯类物质具有雌激素的特征及抗雄激素生物效应，会干扰动物和人体正常的内分泌功能，国家卫生健康委员会已将邻苯二甲酸酯类物质列入食品中可能违法添加的非食用物质和易滥用的食品添加剂名单，并规定食品和食品添加剂中邻苯二甲酸二丁酯（DBP)、邻苯二甲酸二（2-乙基）己酯（DEHP）和邻苯二甲酸二异壬酯（DINP）的最大残留量分别为 0.3mg/kg、1.5mg/kg 和 9.0mg/kg。

第四节　米酒的品评

米酒品评基本方法根据品评的目的，提供酒样的数量、评酒员人数的多少，可采用明评和暗评的品评方法，也可以采用多种差异品评法的一种。

一、明评法

明评又分为明酒明评和暗酒明评。明酒明评是公开酒名，品酒师之间明评明议，最后统一意见，打分并写出评语。暗酒明评是不公开酒名，酒样由专人倒入编号的酒杯中，由品酒师集体评议。最后统一意见，打分，写出评语，并排出名次顺位。

二、暗评法

暗评是酒样密码编号，从倒酒、送酒、评酒一直到统计分数，写综合评语，排出顺位的全过程，分段保密，最后揭晓公布品评的结果。品酒师所做出的评酒结论具有权威性，其他人无权更改。

三、差异品评法

采用差异品评法，主要有下面五种。

1. 一杯品尝法

先拿一杯酒样，品尝后拿走，然后再拿另一杯酒品尝，最终做出两个酒样是否相同的判断。这种方法可用来训练品酒师的记忆力。

2. 两杯品尝法

一次拿两杯酒样，一杯是标准样酒，一杯是对照样酒，找出两杯酒的差异，或者两杯酒相同，无明显差异。此法可用来训练品酒师的品评准确性。

3. 三杯品尝法

一次拿三杯酒样，其中有两杯是相同的，要求品酒师找出两个相同的酒，并且这两杯酒与另一杯酒的差异。此法可用来训练品酒师的重现性。

4. 顺位品尝法

事先对几个酒样差别由大到小顺序标位，然后重新编号，让品酒师按由高到低的顺位品尝出来。一般酒度的品尝均采用这种方法。

5. 五杯分项打分法

一轮次为五杯酒样，要求品酒师按质量水平高低，先分项打小分然后再打部分，最后以分数多少，将五杯酒样的顺位列出来。此法适用于大型多样品的品评活动。国内多以百分制为主，国外多以20分制为主。

四、米酒品评步骤

米酒的品评主要包括色泽、香气、品味、风格、酒体、个性六个方面。具体品评步骤如下。

1. 眼观色

米酒色泽的评定是通过人的眼睛来确定的。先把酒样放在评酒桌的白纸上，用眼睛正视和俯视，观察酒样有无色泽和色泽深浅，同时做好记录。再观察透明度，有无悬浮物和沉淀物，要把酒杯拿起来，然后轻轻摇动，使酒液游动后进行观察。根据观察，对照标准打分，做出色泽的鉴评结论。

2. 鼻闻香

米酒的香气是通过鼻子判断确定的。当被评酒样上齐后，首先注意酒杯中的酒量多少，把酒杯中多余的酒样倒掉，使同一轮酒样中酒量基本相同之后，才嗅闻其香气。在嗅闻时要注意：鼻子和酒杯的距离要一致，一般在1～3cm。吸气量不要忽大忽小，吸气不要过猛。嗅闻时，只能对酒吸气，不要呼气。在嗅闻时，按1、2、3、4、5顺序进行辨别酒的香气和异香，做好记录。再按反顺次进行嗅闻。综合几次嗅闻的情况，排出质量顺位。再嗅闻时，对香气突出的排列在前，香气小的，气味不正的排列在后。初步排出顺位后，嗅闻的重点是对香气相近似的酒样进行再对比。最后确定质量优劣的顺位。当不同香型混在一起品评时，先分出各编号属于何种香型，而后按香型的顺序依次进行嗅闻。对不能确定香型的酒样，最后综合判定。为确保嗅闻结果的准确，可采用把酒滴在手心或手背上，靠手的温度使酒挥发来闻其香气，或把酒倒掉，放置10～15min后嗅闻空杯。

3. 口尝味

米酒的味是通过味觉确定的。先将盛酒的酒杯端起，吸取少量酒样于口腔内，品尝其味。在品尝时要注意：每次入口量要保持一致，以 0.5～2.0mL 为宜。酒样布满舌面，仔细辨别其味道。酒样下咽后，立即张口吸气，闭口呼气，辨别酒的后味。品尝次数不宜过多。一般不超过 3 次。每次品尝后用水漱口，防止味觉疲劳。品尝要按闻香的顺序进行，先从香气小的酒样开始，逐个进行品评。在品尝时把异杂味大的异香和暴香的酒样放到最后尝评，以防味觉刺激过大而影响品评结果。在尝评时按酒样多少，一般又分为初评、中评、总评三个阶段。初评是一轮酒样闻香后，从嗅闻气小的开始，入口酒样布满舌面，并能下咽少量酒为宜。酒下咽后，可同时吸入少量空气，并立即闭口，用鼻腔向外吸气，这样可辨别酒的味道。做好记录，排出初评的口味顺位。中评是重点对初评口味相近似的酒样进行认真品尝比较，确定中间酒样口味的顺位。总评是在中评的基础上，加大入口量，一方面确定酒的多余味，另一方面可对暴香、异香、邪杂味大的酒进行品尝，以便从总的品尝中排列出来本轮次酒的顺位。

4. 综合起来看风格、看酒体、找个性

根据色、香、味品评情况，综合判断出酒的典型风格、特殊风格、酒体状况，是否有个性。最后根据记忆或记录，对每个酒样分项打分和计算总分。

5. 打分

实际上是扣分，即按品评表上的分项最后得分，根据酒质的状况，逐项扣分，将扣除后的得分写在分项栏目中，然后根据各分项的得分计算出总分。分项代表酒分项的质量状况，总分代表本酒样的整体质量水平。

第七章 常用酿酒设备

第一节　发酵设备

一、通风式发酵罐

从 20 世纪 60 年代开始，我国就开始用金属发酵罐对黄酒和米酒进行发酵。黄酒和米酒发酵通常采用通风式发酵罐。通风式发酵罐的设计需要综合各种参数，是有计划、有目的，需要根据要求设计的年产量及罐的容积填充系数、发酵周期计算所需罐数。一般由冷却介质的进出口温度及发酵过程中传热量得出传热面积。关于传热面积，最难确定的是传热系数，它的确定需要取决于发酵液的物性、蛇管的传热性能及管壁厚度。完成正确的设计方案，必须查很多关于传热系数的计算资料，由于各种物性参数的不足，也可能取经验数值。

1. 标准通风式发酵罐

标准通风式发酵罐是应用最广泛的深层好气培养设备。图 7-1 表示的是常用的发酵罐各部分的比例尺寸。

发酵罐最重要的几何比例是 D_i/D_t、H/D_t、D_s/D_i、D_b/D_t，其中 D_i 为搅拌桨直径，D_t 为罐体直径，H 为罐体高度，D_s 为搅拌桨到罐底的距离，D_b 为挡板的宽度，H_a 为冷却水管到罐底的

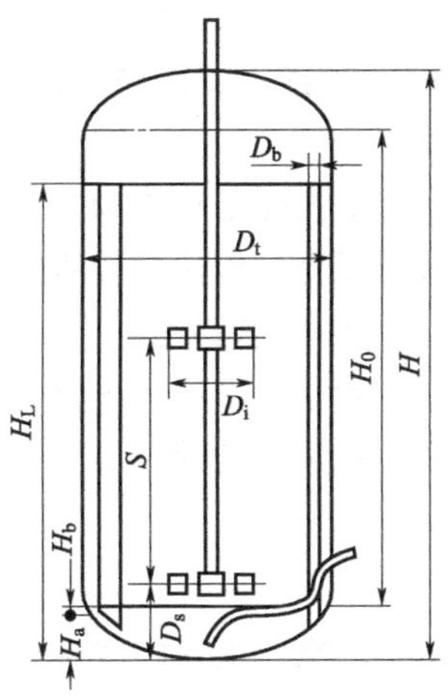

图 7-1　通用式发酵罐

距离，H_b 为冷却水管直径。通用发酵罐的搅拌桨最广泛使用的是平叶涡轮搅拌桨，国内采用的大多数是六平叶式，其各部分尺寸比例已规范化。

2. 改良通风式发酵罐

几种改良通风式发酵罐如下。

（1）瓦尔德霍夫发酵罐　它装有一种独特的消泡装置。

（2）一种带有上下两个分离搅拌器的发酵罐　上搅拌采用螺旋桨，用以加强轴向流动；下搅拌采用涡轮桨分散气体，可以提高氧传递效率。这种设计方法充分发挥了两种搅拌桨的各自特长。

（3）完全填充反应器　是一种比标准通风式发酵罐能更有效地提高氧传递效率的发酵罐。它混合时间短，即使对十分黏稠的液体也有同样效果。它还消除了罐顶的空间，空气在罐内的滞留时间比通气搅拌罐长。

3. 搅拌装置

发酵罐的搅拌装置包括机械搅拌和非机械搅拌。通风发酵罐的搅拌装置包括电动机、传动装置、搅拌轴、轴密封装置和搅拌桨。机械搅拌的目的是迅速分散气泡和混合加入物料。一个搅拌桨要同时达到这两个目的，有时是矛盾的。例如，达到混合功能需要大直径的搅拌器和采用低转速运转，而提高分散气泡效果则需要多叶片、小直径和大的转速。

电动机输入功率决定于搅拌桨形式和其他发酵罐部件。发酵罐内常安装4块挡板以增加混合、传热和传质效率。挡板之宽度为发酵罐直径的10%～12%，挡板越宽则混合效果越好。搅拌功率的计算一直作为发酵罐设计和放大中的一个重要课题。它是指搅拌桨输入发酵液的功率，即搅拌桨在转动时为克服发酵液阻力所作的功率，有时被称作轴功率。

4. 通气

在好气深层发酵罐中，来自无菌空气系统的压缩空气通过空气分布器射入发酵罐内，分布器有单孔管式和多孔管式。安装方式各异，一般安装在最下面一档搅拌器的下方，但都要注意防止气孔被发酵液中的菌体或固体颗粒堵塞。有的空气分布器带有放水结构，使放罐后没有发酵液残留在管子里。

通气速率以满足微生物发酵的需要为准，要使溶氧在临界氧浓度之上。它决定于系统的设计和操作。空气流速的上限速度是空气能有效地被搅拌桨分散，这与搅拌桨形式和转速有关。

二、自吸式发酵罐

自吸式发酵罐是一种不需要空气压缩机提供加压空气，而依靠特设的机械搅拌吸气装置或液体喷射吸气装置吸入无菌空气并同时实现混合搅拌与溶氧传质的发酵罐。该设备采用内循环形式，采用搅拌桨分散和打碎气泡，它的溶氧速率高，混合效果好。

自吸式发酵罐与传统的机械搅拌式好氧发酵罐相比，自吸式发酵罐具有以下特点。

① 不必配备空气压缩机及其附属设备，减少设备投资，减少厂房面积。

② 溶氧效率高，能耗较低。

③ 用于酵母生产和醋酸发酵具有生产效率高、经济效益好的

优点。

④ 一般自吸式发酵罐为负压吸入空气，所以发酵系统不能保持一定的正压，较易产生杂菌污染。同时，必须配备低阻力损失的高效空气过滤系统。

1. 机械自吸式发酵罐

自吸式发酵罐如图 7-2 所示。主要构件是吸气搅拌轮及导轮，也被简称为转子及定子。当转子转动时，其框内液体被甩出形成局部真空而吸入空气。转子的形式有多种，如四叶轮和六叶轮等，如图 7-3 所示。工作时，当发酵罐内充有液体，启动搅拌电动机，转

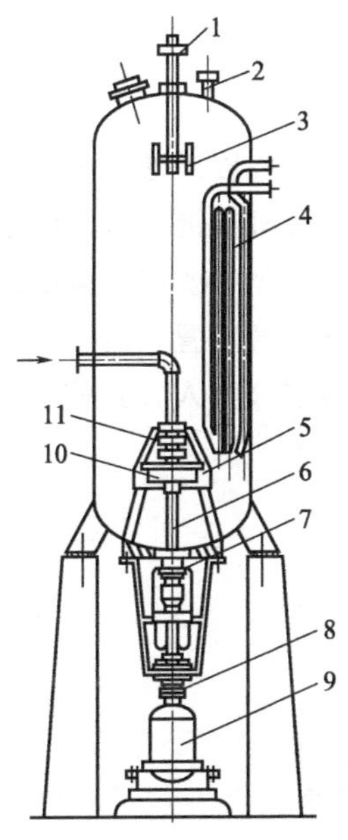

图 7-2　自吸式发酵罐

1—皮带轮；2—排气管；3—消泡器；4—冷却排管；5—定子；6—轴；7—双端面轴封；8—联轴节；9—电动机；10—转子；11—端面轴封

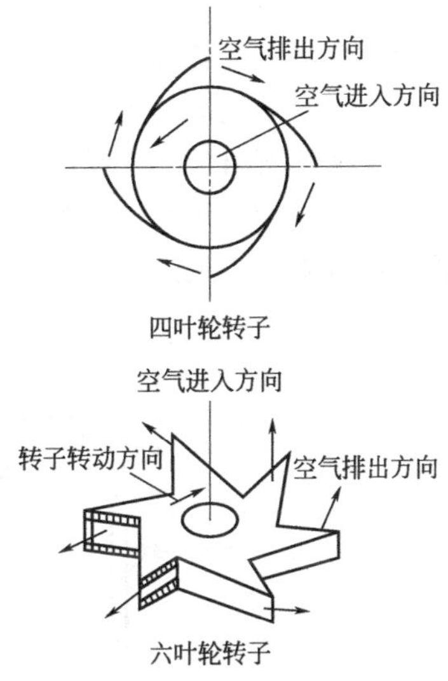

图 7-3　自吸式发酵罐转子结构

子高速旋转，液体和空气在离心力的作用下，被甩向叶轮外缘，液体获得能量。这时，转子中心处形成负压，转子转速愈大，所造成的负压也愈大。由于转子的空膛与大气相通，发酵罐外的空气通过过滤器不断地被吸入，随即甩向叶轮外缘，再通过异向叶轮使气液均匀分布甩出。转子的搅拌，又使气液在叶轮周围形成强烈的混合流。空气泡被粉碎，气液充分混合。转子的线速度越大，液体（其中还含有气体）的动能愈大，当其离开转子时，由动能转变为静压能也愈大，在转子中心所造成的负压也越大，故吸气量也越大，通过导向叶轮而使气液均匀分布甩出，并使空气在循环的发酵液中分裂成细微的气泡，在湍流状态下混合、湍动和扩散，因此自吸式充气装置在搅拌的同时完成了充气作用。

2. 喷射自吸式发酵罐

喷射自吸式发酵罐是应用文氏管喷射吸气装置或液体喷射吸气装置进行混合通气的，既不用空压机，又不用机械搅拌吸气转子。

（1）文氏管自吸式发酵罐　图 7-4 是文氏管自吸式发酵罐结构示意图。其原理是用泵使发酵液通过文氏管吸气装置，由于液体在文氏管的收缩段中流速增加，形成真空而将空气吸入，并使气泡分

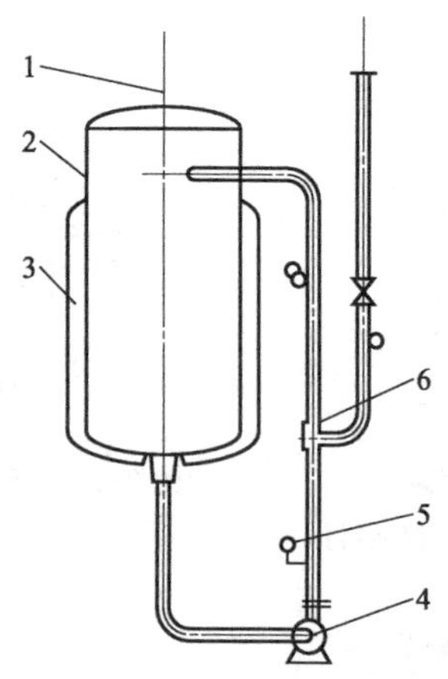

图 7-4　文氏管自吸式发酵罐结构

1—排气管；2—罐体；3—换热夹套；4—循环泵；5—压力表；6—文氏管

散与液体均匀混合，实现溶氧传质。典型文氏管的结构如图 7-5 所示。

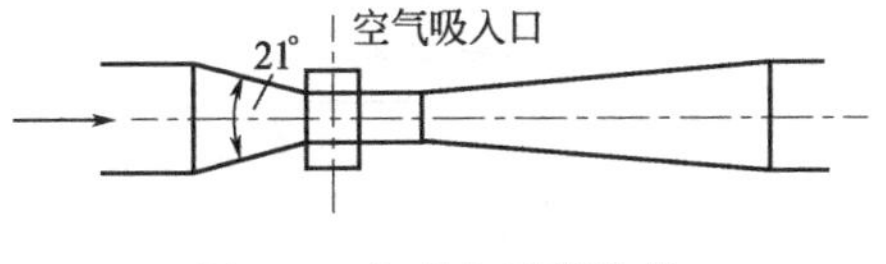

图 7-5 典型文氏管结构

（2）液体喷射自吸式发酵罐 液体喷射吸气装置是这种自吸式发酵罐的关键装置，结构示意图如图 7-6 所示。

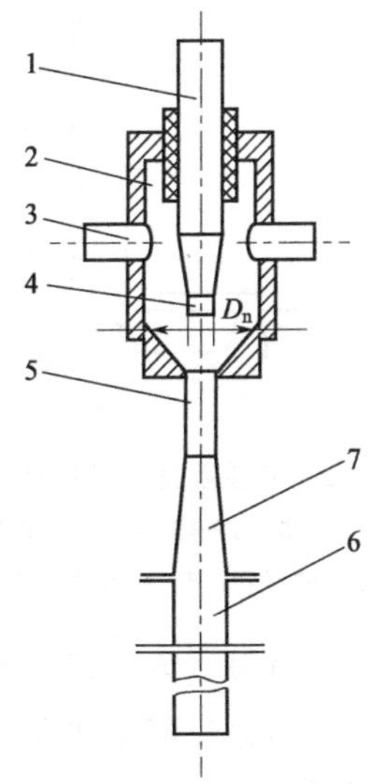

图 7-6 液体喷射吸气装置结构示意图

1—进风管；2—吸气室；3—进风管；4—喷嘴；5—收缩段；6—导流尾管；7—扩散段

（3）溢流喷射自吸式发酵罐 溢流喷射自吸式发酵罐的通气是依靠溢流喷射器，其吸气原理是液体溢流时形成抛射流，由于液体的表面层与其相邻的气体的动量传递，使边界层的气体有一定的速率，从而带动气体的流动形成自吸气作用。当溢流尾管略高于液面尾管 1～2m 时，吸气速率较大。此类发酵罐典型的有 Vobu-J 单层溢流喷射自吸式发酵罐（图 7-7）。

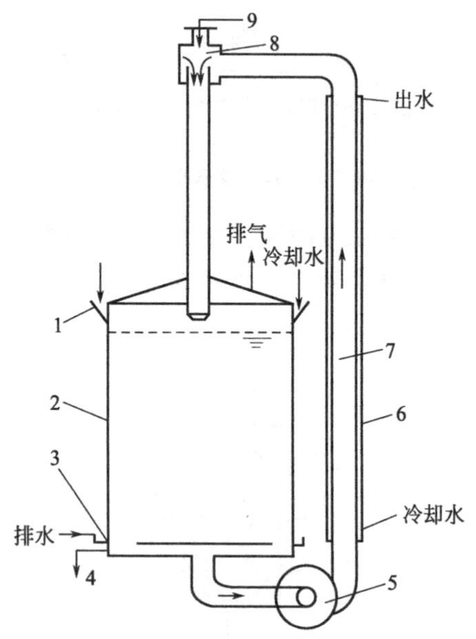

图 7-7　Vobu-J 单层溢流喷射自吸式发酵罐

1—冷却水分配管；2—罐体；3—排水槽；4—放料口；5—循环泵；6—冷却夹套；7—循环管；8—溢流喷射器；9—进风口

Vobu-JZ 双层溢流喷射自吸式发酵罐（图 7-8）是在单层罐的基础上发展研制的，其不同点是发酵罐体在中部分隔成两层，以提高气液传质速率和降低能耗。

（4）伍式发酵罐　伍式发酵罐（图 7-9）的主要部件是套筒、搅拌器。搅拌时液体沿着套筒外向上升至液面，然后由套筒内返回罐底，搅拌器是用六根弯曲的空气管子焊于圆盘上，兼作空气分配器。空气由空心轴导入经过搅拌器的空心管吹出，与被搅拌器甩出的液体相混合，发酵液在套筒外侧上升，由套筒内部下降，形成循环。设备的缺点是结构复杂、清洗套筒困难、消耗功率较高。

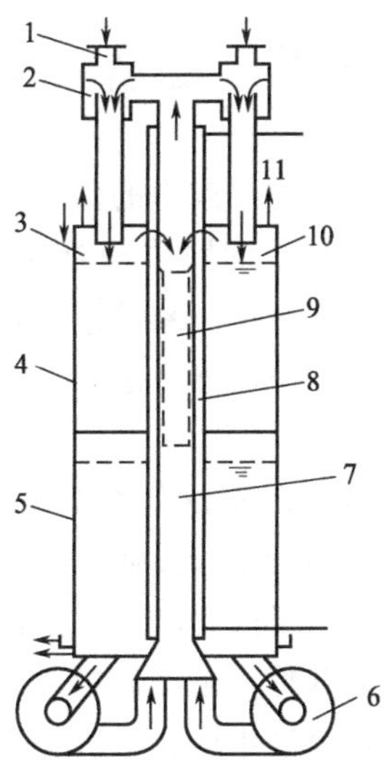

图 7-8　Vobu-JZ 双层溢流喷射自吸式发酵罐

1—进风口；2—喷射器；3—冷却水分配器；4—上层罐体；5—下层罐体；6—循环泵；7—冷却水进口；8—循环管；9—冷却夹套；10—气体循环；11—排气口

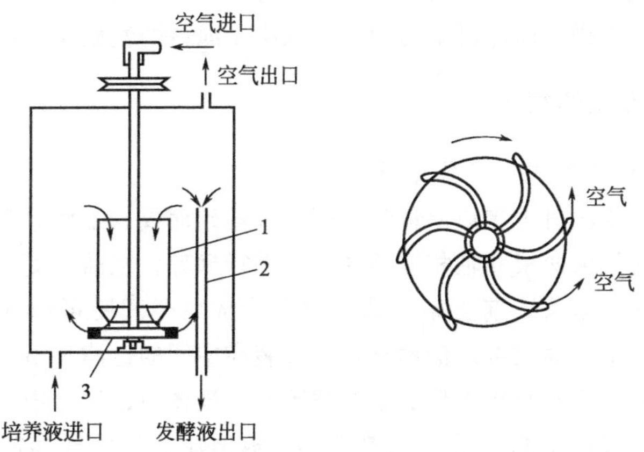

图 7-9　伍式发酵罐

1—套筒；2—溢流管；3—搅拌器

第二节　过滤设备

酒生产企业经常需要将悬浮液中的两相进行分离。悬浮液是由液体（连续相）和悬浮于其中的固体颗粒（分散相）组成的系统。按固体颗粒的大小和浓度来分类，悬浮液分粗颗粒悬浮液、细颗粒悬浮液或高浓度悬浮液、低浓度悬浮液等。悬浮液的粒度和浓度对选择过滤设备有重要意义。

过滤过程可以在重力场、离心力场和表面压力的作用下进行。过滤操作分为两大类：一类为饼层过滤，其特点是固体颗粒呈饼层状沉积于过滤介质的上游一侧，适用于处理固相含量稍高的悬浮液。另一类为深床过滤，其特点是固体颗粒的沉积发生在较厚的粒状过滤介质床层内部，悬浮液中的颗粒直径小于床层孔道直径，当颗粒随流体在床层内的曲折孔道中穿过时，便黏附在过滤介质上。这种过滤适用于悬浮液中颗粒甚小而且含量甚微的场合。黄酒、米酒所处理的悬浮液浓度往往较高，一般为饼层过滤。过滤时，滤液的流动阻力为过滤介质阻力和滤饼阻力。在多数情况下，过滤的主要阻力为滤饼，而滤饼阻力的大小取决于滤饼的性质及其厚度。

一、板框压滤机

1. 基本结构与工作原理

板框压滤机由多块滤板和滤框交替排列而成。工作原理是前支架和后支架由两根立轴相连接的一个平行框架，在前后支架中间有可行移动的堵头。前支架与堵头中间形成两个间距可调的平行平面，这两个平面就可以借助丝杠压紧装在中间的过滤片组，过滤片的框架由纸板密封相隔形成了过滤腔室。液体由进口阀进入到过滤片内腔。板框压滤机结构见图 7-10。板框压滤机的板和框多为正方形，如图 7-11 所示。板、框的角端均开有小孔，装合并压紧后即构成供滤浆或洗水流通的孔道。框的两侧复以滤布，空框与滤布围成了容纳滤浆及滤饼的空间。滤板的作用是支撑滤布并提供滤液

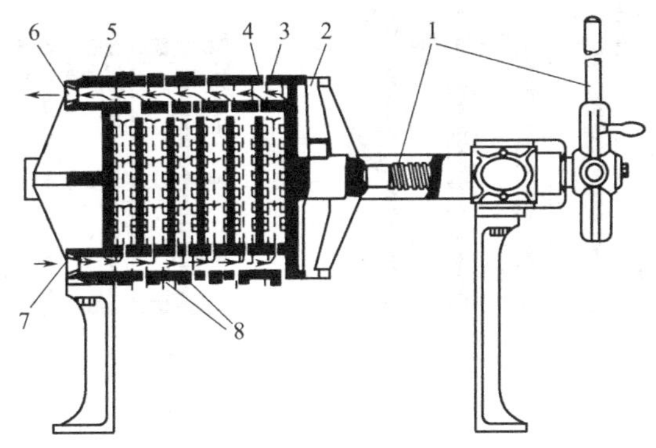

图 7-10 板框压滤机

1—压紧装置；2—可动头；3—滤框；4—滤板；

5—固定头；6—滤液出口；7—滤浆进口；8—滤布

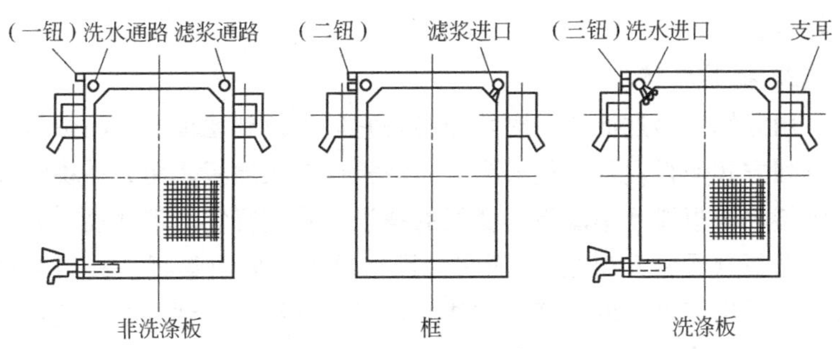

图 7-11 滤板和滤框

流出的通道。为此，板面上制成各种凸凹纹路。滤板又分成洗涤板和非洗涤板。为了辨别，常在板、框外侧铸有小钮或其他标志。所需框数由生产能力及滤浆浓度等因素决定。每台板框压滤机有一定的总框数，最多的可达 60 个，当所需框数不多时，可取一盲板插入，以切断滤浆流通的孔道，后面的板和框即失去作用。板框压滤机内液体流动见图 7-12。

板框压滤机结构简单，制造方便，附属设备少，占地面积较小

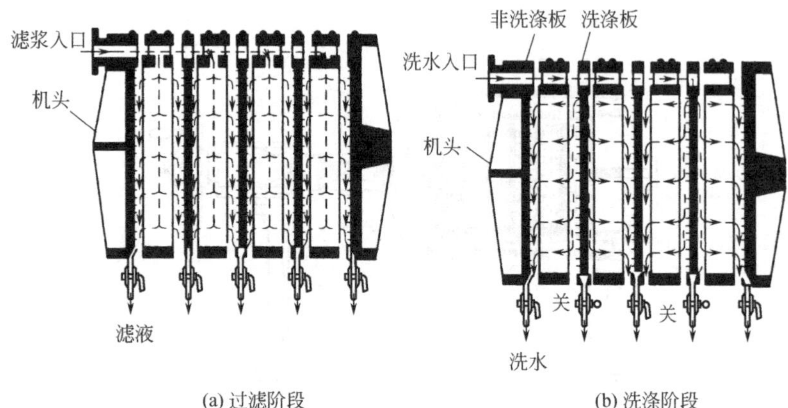

图 7-12　板框压滤机内液体流动路径

而过滤面积较大，操作压力较高，达 784kPa，对物料适应性强，应用较广。但因为是间歇操作，故生产效率低，劳动强度大，滤布损耗也较快。

2. 操作步骤

用滤纸作为过滤介质时，需要将它们铺设到滤板上，滤板的交替排列方式使得偶数滤板成为分布滤板或输入滤板，而另一块滤板成为接收滤板或收集滤板。滤纸的铺设方式使得它的带波纹一面面向分布板（或输入酒液），而它的网格纹面朝向收集板。利用取样阀可以排出液流中的空气，过滤操作可以连续进行到过滤压差达到预定值为止或过滤完成之后。

当使用硅藻土时，必须用硅藻土粉浆在每一块滤板的表面预涂一层薄薄的涂层。预涂的硅藻土会附着在覆盖于板上的滤纸或塑料网上，或附着在较细级别的滤板上。实际操作过程中，往往将少量的硅藻土粉浆混入到酒液中。一层硅藻土滤饼将形成在每一块板的表面，其中也含有被俘获的悬浮固体。过滤操作过程中，随着固体的积累和滤饼厚度的增加，过滤阻力也会增大，其过滤流速可能会下降，但具体下降的程度会因所用输送泵类型的不同而异。过滤操作在下述条件下需要终止：当滤框被滤饼充满时，当流速降低至不能接受的程度时，当入口压力上升到不能接受的程度时，过滤操作已经完成时。

根据过滤纸板所用的材料不同，可分为石棉板、纸板和聚乙烯纤维纸板等；根据其过滤效果或过滤目的不同，一般可分为澄清板和除菌板。其孔隙可达到 0.2μm 的过滤级别。

纸板在运输、储存、装入滤机时，均应小心。用力拉或弯曲，将会损坏结构。存放时，应避免光照，一定要防潮，切勿损坏包装，防止污染，不能与无挥发的化学物质、油类或有异味的物品放在一起。具体操作步骤如下。

(1) 操作准备　过滤之前将全部滤片及阀门接头拆下后用 1% 的热碱水浸泡后用软毛刷刷干净，再用清水漂洗干净，并检查密封圈是否完好，全部零部件安装就位，检查是否有被遗漏的橡胶密封圈未被安装上。

(2) 纸板安装　拆箱取板时一定要轻拿，以免纸板面相互摩擦，防止起皮，纸板为正反两面，反面朝向进酒腔，正面朝向出酒腔，将第一块纸板的反面与前过滤片正对放好，并做到上下左右平齐，将第一滤片平行移动与纸板平齐，即滤片之间夹纸板，上第二块纸板，光面与第一块纸板光面相对，光面与光面相对，反面与反面相对，形成了过滤腔。纸板安装好后检查是否正确，确信无误，旋转手轮，通过丝杠压紧所有纸板与密封橡胶垫圈，将压紧的纸板用软化水浸湿后进一步压紧。在加压紧固时，不得一面紧一面松，不然纸板有可能夹断或漏酒。如有滴漏现象，可检查纸板位置是否对正；未对正时需要调整；封圈是否老化，如老化需要更换；框架是否变形，需要校正或更换；厚度是否符合该机要求，需要调整厚度。

(3) 过滤

① 关闭进出口阀门，打开排气阀。

② 接通进液阀。

③ 开启输液泵，缓缓打开进口阀门，使液体进入过滤机。

④ 当过滤腔内空气完全排出，液体从开放的阀门流出时，缓

慢打开出液阀，并关闭排气阀。

⑤ 调整进出口阀门的开度，调整过滤量不得大于能力要求，使进出口的压力差达到正常要求。

⑥ 开始过滤之前，为除去过滤纸板里的纤维，循环 30min，从视镜中观察液体澄清透明时转入正式过滤。

⑦ 过滤过程中应尽量避免中间停止，一旦在必须停止的情况下，则应关闭出口阀，并使过滤机处在一定压力之下。

⑧ 在整个过滤过程中，要保持压力平稳，避免造成纸板破裂，影响过滤质量。

⑨ 过滤结束，关闭输液泵和所有的阀门，将过滤机中残留的酒液退出。

(4) 清洗　将纸板拆掉，用清水将滤板及管路冲洗干净，擦拭干净备用。一般用过的过滤纸板不再使用，即使为了节约成本回收再用，也只能用于较初级的简单过滤，不能用于原来的使用工序中，以免造成质量隐患。

二、硅藻土过滤机

硅藻土过滤机是采用硅藻土作助滤剂的一种过滤设备。硅藻土过滤机能够将酒中细小蛋白质、胶体悬浮物滤除，并可根据过滤液的性质及杂质的含量正确选择不同粒度的硅藻土，以达到要求的过滤效果。因此硅藻土有很多不同类型，习惯上将其分为细土（$\leqslant$14.0μm）、中土（14.0～36.2μm）、粗土（$\geqslant$36.2μm）。但对悬浮颗粒的俘获能力和对滤饼流通阻力影响最大的是硅藻土粉末的粒径分布，而不是粒径的大小，粒径的大小只能导致滤饼阻力和过滤流速的改变。硅藻土若选择不当，不仅达不到过滤效果而且会赋予酒淡薄无力的气味。硅藻土过滤机有很多优点，如性能稳定，适应性强，能用于很多液体的过滤，过滤效率高，可获得很高的滤速和理想的澄清度，甚至很浑浊的液体也能过滤，设备简单，投资省，见效快，且有除菌效果。所以，硅藻土过滤机在饮料、酒类生产中得到了广泛的应用。

1. 基本结构与工作原理

硅藻土过滤机的结构形式有多种，但其工作原理相同，现就一种较常用的移动式过滤机加以说明，其结构见图 7-13 所示。该过滤机主要由壳体、滤盘、机座、压紧装置、排气阀、压力表等组成。机座包括前支座 9、后支座 2，拉紧螺杆 3 等。前、后支座被 4 根拉紧螺杆 3 连成一个整体。在前后支座上，安装了 4 个胶轮，以便于机器移动，机座上安置有壳体 6、滤盘 8、压紧板 4 等。壳体分为多节以便于装配，节间用橡胶密封圈密封，并由各节上的导向套支撑在两根导向杆 7 上。滤盘 8 是主要过滤部件，主要由波形板（图 7-14）、滤网、压边圈、滤布组成。波形板由不锈钢板通过模具在压力机上压制而成。波形板为圆形，上面压制有许多呈同心圆分布的凸凹槽，一则可以增加强度，二则凹槽也是液体的通道，将两块波形板对合在一起，两侧覆盖了较粗大的金属丝滤网，用以支撑滤布。再用内凹的不锈钢压边圈将波形板滤网箍紧，焊接起来，使之成为一刚性体。滤网上面再覆盖滤布，用橡胶圈使之紧贴。滤盘的数量较多，可达几十个，由所需的生产能力而定。两滤盘之间用间隔密封圈间隔分开，再用卡箍和压紧件将其固定在壳体中心的空心轴上。空心轴的外圆周上有四条均布的长槽，槽中根据

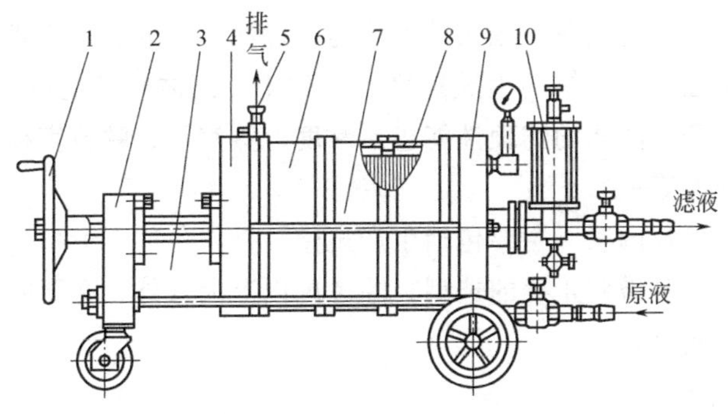

图 7-13　硅藻土过滤机

1—手轮；2—后支座；3—拉紧螺杆；4—压紧板；5—排气阀；6—壳体；7—导向杆；8—滤盘；9—前支座；10—玻璃筒

图 7-14　波形板

滤盘的数量在相应的位置钻有通孔。空心轴的一端连接着过滤机的出口。

该机工作时，原液由进口进入过滤机，充满在壳体中，在压力的推动下，滤液穿过滤布、滤网进入波形板的内凹的槽中，随后进入空心轴的长槽中，通过槽中的孔进入空心轴，再由出口排出；而杂质便由滤布所截留，这样，原液便得到澄清。

2. 过滤机的选型

过滤机选型时，必须考虑的因素如下。

(1) 过滤的目的　过滤为了取得滤液，还是滤饼。

(2) 滤浆的性质　滤浆的性质是指过滤特性和物理性能，滤浆的过滤特性包括滤饼的生成速度、孔隙率、固体颗粒的沉降速度、固相浓度等。滤浆的物理性能包括黏度、蒸汽压、颗粒直径、溶解度、腐蚀性等。

(3) 其他因素　主要包括生产规模、操作条件、设备费用、操作费用等。要做到正确的选型，除考虑以上因素外，必要时还须做一些过滤实验。

3. 操作步骤

目前常用的硅藻土过滤机是利用一种滤网对过滤过程中的硅藻土提供支撑作用，形成滤层达到过滤目的。其主要由过滤罐、原料泵、循环计量罐、计量泵、流量计、视镜、粗滤器、残渣过滤器、清洗喷水管和一系列阀门组成，其操作一般分为四个步骤。

（1）预涂　预涂是硅藻土过滤的重要步骤，预涂的目的就是在叶滤网上形成一个硅藻土滤层，使酒从最初就达到理想的澄清度，并利于最终脱去失效的滤饼。简单地说，预涂过程就是通过循环计量罐和过滤罐之间的内部过滤循环，使加到循环计量罐内的一定量的硅藻土均匀地涂到过滤罐中的圆形金属网上，使滤酒达到工艺要求。为了能俘获更细微的颗粒，现在的倾向是按约1∶(2～3)的比例添加纤维素类制品到硅藻土中，以形成质量更好的预涂层。

（2）过滤　预涂完成后，通过阀门的变换开始过滤，随着过滤过程的不断进行，需要定期向循环计量罐中补加一定量的硅藻土，因此，滤饼层会逐渐增厚，过滤阻力越来越大，通过过滤管路上的前后压力表可明显看出。当过滤前后压力差达到设备的最大许可值时，应当停止过滤。

（3）残液过滤　过滤停止后，过滤罐和循环计量罐内还残余一部分酒液，这部分酒液可通过残渣过滤器过滤完全。

（4）排渣清洗　残液过滤完毕后，打开过滤罐的底部排渣孔，启动过滤罐的电机，使过滤罐内的过滤片高速旋转，滤渣在离心作用下呈碎片状甩出。之后取出残渣过滤器的滤芯，清洗干净。开启清洗喷水系统进行冲洗，将过滤罐、循环计量罐及附属管路彻底冲洗干净。

三、膜过滤机

目前，膜过滤一般作为终端过滤，应用最为广泛，而且已成为一个必不可少的操作单元。最常用的方法是采用深层澄清过滤和薄膜除菌过滤相结合。深层澄清过滤芯精度在1～20μm之间，可去除大颗粒固体物、杂质和部分胶体，进一步滤除经硅藻土过滤机内泄漏出的微小颗粒，为薄膜除菌过滤系统的预过滤；薄膜除菌过滤芯精度一般是0.2～0.45μm，可捕捉住酵母和细菌，可完全保证酒的生物稳定性。

1. 膜滤芯

滤芯有平板状、管状、毛细管状（空心纤维）等几种结构形式。膜滤芯是确保精密过滤达到理想过滤精度的核心部件，结构组成包括微孔滤膜、支撑层、壳体和密封圈。膜过滤的过滤介质是由纤维、静电强化树脂和其他高分子聚合物构成的带有正电荷的、且强度高的过滤膜，因具有很强的正电位效果，使其对杂质、硬性颗粒、残留细菌有着无可比拟的去除能力。其主要特点为过滤精度高，绝对精度最高达 0.15μm；过滤面积大，效率高，可有效降低成本；可多次反冲洗，重复灭菌；无菌材料制成，生产过程安全；安装使用方便快捷。按成膜材料的不同，大致可分为尼龙（N-6、N66）滤芯、聚丙烯（PP）滤芯、磺化聚醚砜（SPES）滤芯、聚偏二氟乙烯（PVDF）滤芯、聚四氟乙烯（PTFE）滤芯等。在选择使用膜过滤时，应综合考虑生产实际的操作条件、处理能力以及对过滤介质和过滤精度的详细要求，最终选择合适的滤芯。

2. 操作步骤

（1）澄清膜的安装　取下滤筒夹束，垂直举起，拿下滤筒，平放在干净平坦的地方，切勿损伤其口缘。然后将第一个滤芯穿过中心柱，叠放在底座上，第二个与第一个重叠放好，将上盘放在滤芯上，再将叠片和弹簧放在中心柱上，最后收紧锁母至弹簧完全被收紧后，检测是否有漏气，如有漏气，更换下端之“O”形密封环。膜上齐后，带上栓，观察弹簧压力是否正常，同时检查外壳胶垫是否完好，然后将外壳上好，澄清膜在清洗过程中，严禁反冲洗，以免损坏膜块。

（2）薄膜除菌膜的安装　将每个薄膜除菌过滤芯放在底座上，上盘放在滤芯上，再放上叠片，将收紧锁母、弹簧与中心柱上好，并旋转牢固，收紧锁母，然后将外壳上好。

（3）灭菌　灭菌之前先用 50～65℃热水润湿，反洗滤芯一定时间（以去除滤芯上的残质，延长滤芯的使用寿命），将水温升到 80～85℃进入灭菌阶段，开始计时，并保证一定的压力，30min 后用冷水冷却滤筒外表。灭菌结束，关闭热水进口，打开排水阀，将过滤机内热水排放干净。

(4) 过滤　打开泄流阀，慢慢打开进酒阀门，直到酒液从泄流阀排出，关泄流阀，慢慢打开出酒阀门，过滤开始，此时记下入口、出口压力。排气循环过滤一定时间后，酒液至清亮后，再开、关一下泄流阀，以确定排出所有空气。保证进、出口达到一定压差后，将过滤的酒液送至灌装机。此后，每小时记录一次进出口压力，当压力突然大幅度下降或流量已降到无法满足生产时，应更换滤芯。

(5) 灌装结束　将灌装机、过滤机中残留的酒液排出，用25℃左右的水将过滤机清洗一遍，开始进行55～60℃的热水清洗和灭菌操作。

若过滤后的酒体透明度不佳，微生物检验超标时应检查使用的滤芯是否正确；打开滤筒查看滤芯是否破损；检查出口管止回阀功能是否正常；滤筒内空气是否充分排空；灭菌后是否经充分冷却后才开始过滤；检查压力是否逐渐上升又突然降下；过滤流量是否超负荷。

第三节　杀菌设备

一、板式热交换器

对高温短时处理（HTST），板式换热器分为两部分，第一部分加热，第二部分冷却。在生产中蒸汽通常作为热媒介质而乙二醇用做冷媒。可以多加平板以增加表面积（提高设备的能力）。板式换热器特点如下。

① 传热效率高　由于板与板之间空隙小，换热流体可获得较高的流速，且传热板上压有一定形状的凸凹沟纹，流体通过时形成急剧的湍流现象，因而获得较高的传热系数。

② 结构紧凑　设备占地面积小，与其他换热设置比较，相同的占地面积，它可以有大几倍的传热面积或充填系数。

③ 适宜于热敏性物料的灭菌　由于热流体以高速在薄层通过，实现高温或超高温瞬时灭菌，因而对热敏性物料如牛奶、果汁等食品的灭菌尤为理想，不会产生过热现象。

④ 有较大的适应性　只要改变传热板的片数或改变板间的排列和组合，则可满足多种不同工艺的要求和实现自动控制，故在乳品、饮料工业中广泛使用。

⑤ 操作安全、卫生、容易清洗　在完全密闭的条件下操作，能防止污染；结构上的特点又保证了两种流体不会相混；即使发生泄漏也只会外泄，易于发现；板式换热器直观性强，装拆简单，便于清洗。

⑥ 节约热能　新式的结构多采用将加热和冷却组合在一套换热器中。这样，只要把受热后的物料作为热源则可对刚进入的流体进行预热，一方面受热后的物料可以冷却，另一方面刚进入的物料被加热，一举两得，节约热能。

二、保温罐

由于发酵时产生大量热量，温度升高，因此对中等大小的发酵罐和储酒罐保温最方便的形式是使用夹套冷却。由于在罐内表面流体静止不动，因此这些设备的传热系数很差。当罐体积增加时，夹套的有效性迅速降低，因为随着罐径的增加，单位体积的夹套面积反而降低。许多酒厂由于传热系数低和传热效率下降，为了提供足够的冷却能力，需要使用温度很低的制冷剂。

如果直径增加 2 倍，则壁面积增加 4 倍，体积增加 8 倍，但单位体积的面积减半。11～20L 的小玻璃发酵容器单位体积的面积较大，由于热量容易散失到周围环境中，因此容易做到等温发酵。用 50%容器壁带有夹层，体积为 110kL 生产规模的罐进行同样的发酵，为了将温度控制在 20℃，要求冷却剂温度为 5℃。

第四节　灌装、贴标设备

目前，我国的酒封装，一般都采用机械设备去完成，有条件的厂家，购置了现代化的生产线，使其生产效率大大提高，并且有效地保证了产品质量。在此对生产线跟包装有关的主要设备作一般性介绍。

一、灌装设备

酒常用的灌装方法有常压灌装、等压灌装和虹吸灌装。按自动化程度又分为半自动灌酒机和全自动灌酒机。半自动灌酒机是最简单的灌酒设备。灌酒时，只需操作工将洗净的瓶子插入导酒管，酒则可灌进瓶中，靠导管伸入瓶内的长短来控制酒的装量。一般适用于小型工厂使用。全自动灌酒机的作用就是将酒缓慢而稳定地装入酒瓶中，并保持酒的质量。按灌装方法分类如下。

1. 常压灌装

又称自重灌装或液面控制定量灌装。在常压下，液体依靠自重从储液箱或计量筒中流入容器的一种灌装方法。常压灌装的特点是设备结构简单，操作方便，易于保养，灌装的液面高度一致，显得整齐好看，该法广泛应用于不含气体的液料的灌装。

2. 等压灌装机

又称压力重力灌装，它是在高于大气压力的条件下进行灌装，即先对空瓶进行充气，使瓶内压力与储液箱（或计量筒）内的压力相等，故简称充气等压，然后靠液料自重进行灌装。瓶装起泡酒或其他带气酒是在瓶内具有反压条件下将酒装入瓶内的。以避免CO_2气体的损失，装酒之前先令瓶内充气受压，压力大小与酒在储酒槽内所受压力相等。当酒装入瓶内时，瓶内气体随之逸出，返回储酒槽或另设的回气室内。灌酒机一般多采用回转式自动灌装操作，分为瓶子传动和灌酒两个组成部分。酒瓶由输送带送入，经星轮进入灌酒机体，沿升降轨道送到灌酒阀处，与灌酒阀接触而进行灌装。灌酒机的主要部件是灌酒阀，其中包括关闭器、控制凸轮、预排气管、进风管、导酒管、回风管。灌酒机主要部件的形式、结构和作用原理简述如下。

(1) 储酒槽　灌酒机的储酒槽，其基本形式可分为中心式储酒槽（图 7-15）和环式储酒槽两种。采用中心式储酒槽一般用一回转接头将输酒导管与储酒槽底部中心连接。采用环式储酒槽，输酒导管一般连接于一支管的回转接头上，再用等距分配的管路将酒送至环式储酒槽中，由环式储酒槽向灌酒阀引酒不需再用导管，因为灌酒阀是直接装置在环式储酒槽的底部或旁边。中心式储酒槽内有一浮漂，控制液位。浮漂多为伞状。采取这种形式，浮漂与酒液接触面大，从而减少了酒液与上部气体的接触，有利于防止酒的氧化。这种形式的浮漂对以压缩空气为背压的灌酒机来说，尤为重要。单室灌酒机只有一个环形储酒槽，作为完成灌装时进风、灌酒和回风的共用工具，储酒槽内的酒不满，酒液上部是背压气体，背压气体最好采用 CO_2，一般也采用压缩空气。储酒槽的液位和压力在灌装时必须保持稳定才能保持良好的灌酒效果。此压力一般用气压调节阀进行控制，而液位可用浮漂、电导探测或压差管进行控制。

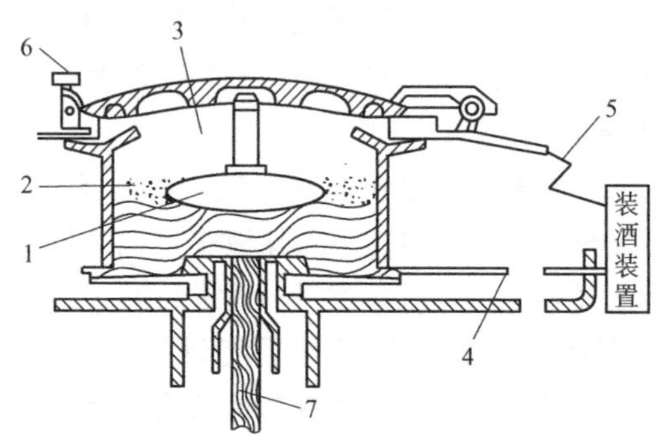

图 7-15　中心式储酒槽的灌酒机结构示意图

1—浮漂；2—泡沫；3—储酒槽；4—引酒至灌酒阀的导管；

5—背压与返回空气的通路；6—开槽螺丝；7—酒入口

① 浮漂法　当酒液升降而引起浮漂升降时，使一气门打开或关闭，CO_2或压缩空气流经此气门，从而增减储酒槽中的压力，此变化着的压力控制着酒流量控制阀或输酒泵的开关，以调节槽内液位。

② 电导探测法　当酒的液位变化时，发生或停止电的信号，此信号驱动一电磁铁螺丝管，使其控制 CO_2 或压缩空气流入储酒槽，并引起压力变化。此压力变化为一换能器所识别，从而调节酒流量控制阀或输酒泵，以保持酒的流量和液位。

③ 压差管法　用一长管和一短管插入储酒槽内，短管末端置于储酒槽空间，长管末端置于储酒槽近底部处。通过插管压入少量 CO_2 气，两管的压差可以测量，从而产生信号，用以控制酒流量控制阀或输酒泵的开关。

（2）导酒管与灌酒方式　不同的灌酒机采用不同形式的导酒管，从而产生不同的灌酒方式。

① 移位式灌酒　这种灌酒方式系采用长的导酒管，其导管末端距瓶底约 2cm，所谓移位式灌酒，即酒装满瓶后，酒瓶下落，当导酒管从瓶中抽出后，瓶颈即出现一定空隙。此空隙随酒管伸入瓶内的体积而定。

② 定位式灌酒　有两种方式，一是用长导酒管，酒管上有两条通路。酒液经过导酒管大的通道，从导酒管底部流出。当酒液位逐渐上升时，液面从上部长导酒管侧面的边孔的小通道流出，当酒液液位到达小通道口时，通道口被酒液堵死，瓶内气体无法由此排出，酒也停止流进。导酒管内酒液流入瓶中，使瓶内液面稍微上升。二是短管定位式灌酒装置，灌酒阀上只有一短的回风管，灌酒时酒阀打开，酒液沿回风管外流至分散罩，散开，再沿瓶子内部表面顺流而下，瓶中气体则从此小直径的回风短管排出，此短管下部开口位置正是酒液停止装入时的液位。这种灌酒方式在灌酒前瓶内应预先抽真空，再以 CO_2 为背压，以免酒液沿瓶内壁顺流而下时与大量空气接触，影响酒的质量。

3. 虹吸灌装法

虹吸灌装法是一种古老的和传统的灌装方法。先用泵或者高位料箱向储液箱供料，并保持一定的液面高度，灌装头经虹吸管与液体阀相连。工作前，先将虹吸管内充满液体，当虹吸管处于非灌装位置时，液体阀关闭以防里面的液体流出。当灌装头由曲线板控制下降，处于灌装位置时，灌装头压紧瓶口，液体阀被打开，于是液料由储液箱经虹吸管流入瓶内。当瓶内液面与储液箱液面等高时，停止灌装，而后灌装头上升，关闭液体阀，完成一次灌装。该灌装方法具有结构简单，操作方便，但灌装速度较慢的特点。

二、贴标设备

（1）贴标机　贴标机用来粘贴商标。高效贴标机可贴身标、颈标、背标以及圆锡箔套等。贴标机以取标方式分，有真空吸标和机械取标两种。

（2）装箱、封箱设备　瓶酒装箱是一项很繁重的工作，一般小型企业可采用人工装箱，品种单一、产量较大的大企业可采用机械装箱。

参考文献

[1] 傅祖康，杨国军．黄酒生产 200 问．北京：化学工业出版社，2010.

[2] 顾国贤．酿造酒工艺学．第 2 版．北京：中国轻工业出版社，1999.

[3] 于新，杨鹏斌．米酒米醋加工技术．北京：中国纺织出版社，2014.

[4] 傅金泉．黄酒生产技术．北京：化学工业出版社，2005.

[5] 何伏娟，林秀芳，童忠东．黄酒生产工艺与配方．北京：化学工业出版社，2015.

[6] 高海燕，曾洁．食品加工机械与设备．北京：化学工业出版社，2017.

[7] 胡文浪．黄酒工艺学．北京：中国轻工业出版社，1998.

[8] 孙俊良．发酵工艺．北京：中国农业出版社，2008.

[9] 金凤燮．酿酒工艺与设备选用手册．北京：化学工业出版社，2003.

[10] 宋永民，刘代成．刺梨果酒制作工艺的优化研究．山东农业科学，2008，3：109-112.

[11] 王文平，周文美．木瓜果酒加工工艺的研究．酿酒科技，2005，7：100-103.

本社食品类相关书籍

书号	书　名	定价
14642	白酒生产实用技术	49.00 元
22210	复合调味料生产技术与配方	69.00 元
10711	面包生产大全	58.00 元
19813	果酒米酒生产	29.00 元
28938	豆制品加工技术	59.00 元
32999	面制品加工及检验	49.00 元
32083	中式面点加工工艺与配方	49.00 元
30994	肉制品绿色制造技术——理论与应用	69.00 元
30555	食醋生产一本通	39.90 元
30283	食品机械与设备	39.00 元
29130	酱腌菜生产一本通	39.80 元
28687	香辛料生产一本通	35.00 元
27932	杂粮食品生产实用技术	29.00 元
27355	禽类食品生产	29.80 元
26666	早餐食品生产工艺与配方	29.80 元
26198	中式糕点生产工艺与配方	39.00 元
20488	饮料生产工艺与配方	35.00 元
20002	腌腊肉制品生产	29.00 元
19736	酱卤食品生产工艺和配方	35.00 元
16941	食品调味原料与应用	49.00 元
02465	酱卤肉制品加工	25.00 元